WEITE STRASSEN – LAUTE LASTER

NUTZFAHRZEUGE IN DER DDR

Ralf Weinreich

Motor
buch
Verlag

IMPRESSUM

Einbandgestaltung: Ralf Weinreich

ISBN: 978-3-613-04200-1

2. erweiterte Auflage 2019

Sie finden uns im Internet unter www.motorbuch-verlag.de

Lektorat: Joachim Kuch
Innengestaltung: ERWE-WERBUNG Ralf Weinreich, Halle/S.
Druck und Bindung: Conzella, 85609 Aschheim-Dornach
Printed in Germany

INHALT

Vorwort 4

Vom schweren Beginn 6

Wer oder was ist IFA? 22

Neue Laster aus Zwickau 28

Der Sprung ins kalte Wasser:
LKW und Busse aus Werdau 44
Der IFA H6: Eine Legende 56
Der IFA G5: Einer fürs Grobe 92
Der IFA S4000-1: Einer für alles 110

Fleischer-Busse: Die Eleganten 128

Kleintransporter aus Sachsen 136
Framo: Der Handwerkertraum 136
Barkas: Der schnelle Sachse 152

Die Luftgekühlten aus Zittau 166
Granit und Garant: Die Hauber 166
LO und LD: Die Frontlenker 182

Laster aus Ludwigsfelde 202

Multicar: Der Überlebenskünstler 234

Hoch hinaus: DDR Autokräne 240

Importe aus Ost und West 248
Fahrzeuge aus der CSSR 253
Skoda 253
Tatra 262
Fahrzeuge aus Polen 276
Fahrzeuge aus der Sowjetunion 278
Fahrzeuge aus Ungarn 290
Westimporte 296

Quellen/Dank 303

Vom schweren Beginn

1945, der Krieg war mit Elend und Zerstörung auf deutschen Boden zurückgekehrt und hatte ein verwüstetes Land hinterlassen. Nach Schätzungen der Alliierten würde der Wiederaufbau mehrere Jahrzehnte dauern, falls er überhaupt gelingen würde.

Am schlimmsten hatte es Mitteldeutschland erwischt, denn hier stand man nicht nur gewaltigen Zerstörungen gegenüber, auch die Reparationsleistungen gegenüber den sowjetischen Siegern mussten erfüllt werden. Es gab Betriebe, die notdürftig instandgesetzt, gleich wieder demontiert wurden, um in das russische Riesenreich verbracht zu werden. Damit die Reparationsgüter nicht in den Weiten der Sowjetunion verschwanden und möglicherweise sogar wieder ihrem ursprünglichen Verwendungszweck zugeführt werden konnten, nahm man Ingenieure und Facharbeiter gleich mit, sofern die es nicht rechtzeitig in den »Westen« geschafft hatten.

Besonders schwer hatte es die Grundstoff- und die Schwerindustrie getroffen, die ohnehin in der russischen Besatzungszone nur schwach vertreten war.

Die beiden großen Nutzfahrzeughersteller, Opel in Brandenburg und VOMAG in Plauen, waren zwar schwer in Mitleidenschaft gezogen, hätten aber durchaus wieder aufgebaut werden können, doch die russischen Besatzer ließen die einmalige Chance nicht verstreichen, sich zum einen die Produktionsanlagen des modernsten LKW-Werkes in Brandenburg einzuverleiben und zum anderen dafür zu sorgen, dass in ihrem deutschen Einflussgebiet keine schweren Lastwagen mehr produziert werden konnten, indem sie das VOMAG-Werk demontierten und schleiften. Offiziell

Glückssache: Mit viel Glück bekam man, nicht immer auf ganz legale Weise, von den »Sowjetischen Freunden« einen solchen Uralzis-5. Zu bezweifeln ist allerdings, ob diese jemals in einem solch gepflegten Zustand waren.

Zum Straßenbild in der DDR gehörten sie eigentlich immer, die LKW der Marke ZIL, sei es nun im zivilen Einsatz oder in kämpferischer Mission.

DM 1,–

Kraftfahrzeug TECHNIK

HERAUSGEBER: KAMMER DER TECHNIK

HEFT 8 1953

Der sowjetische 2,5-t-LKW GAS-51 mit Spezialmotor für Flüssiggasbetrieb Foto: Zentralbild

VT

VEB VERLAG TECHNIK · BERLIN NW 7 · UNTER DEN LINDEN 12

Kraftfahrzeugtechnik 3. Jahrgang Heft 8 (Seiten 233—264) Verlagsort Dresden, August 1953

wurde später behauptet, beide Werke wären vollkommen zerstört gewesen und ein Wiederaufbau hätte sich nicht gelohnt, aber das gehört in das Reich der deutsch-sowjetischen Propaganda.

Dem Framo-Werk in Hainichen und dem nahezu unzerstörten Phänomen-Werk in Zittau ging es ebenso. Es wurde gnadenlos demontiert und abtransportiert, was irgendwie brauchbar erschien.

Doch ein zügiger Wiederaufbau des zerstörten Landes ohne Lastwagen war eigentlich undenkbar. Wenn es überhaupt weitergehen sollte, musste man sich dessen bedienen, was an Fahrzeugen vom Krieg verschont geblieben war und nicht das Interesse der russischen Besatzer geweckt hatte. Und das war nicht allzu viel.

Selbst wenn man es irgendwie zu einem Fahrzeug gebracht hatte, war man noch nicht viel weiter, denn auch Ersatzteile, Reifen und Betriebsstoffe waren absolute Mangelware, die von den Besatzungsbehörden verwaltet wurden. Also musste man sich irgendwie behelfen, wenn der Wiederaufbau überhaupt vorangehen sollte. Am ehesten hatten sich noch die privaten Fuhrunternehmer von den Kriegswirren erholt. Sie hatten es teilweise mit viel Einfallsreichtum geschafft, Ersatzteile, mitunter sogar ganze Fahrzeuge vor der Requirierung durch die Wehrmacht und später vor der Roten Armee zu retten. Denn eines stand fest: Es musste weitergehen! Also wurde gebastelt, geschraubt, zusammengesteckt auch was nicht unbedingt zusammengehörte – im Übrigen eine Gabe, die der DDR-Bürger bis zum Ende des 1. Arbeiter- und Bauernstaates auf deutschem Boden auch nicht mehr verlernen sollte. Das Ergebnis waren zuweilen gelungene, aber auch abenteuerliche Gefährte, die aber brav ihren Zweck erfüllten.

Auch durch geschäftliche oder verwandtschaftliche Beziehungen in die westlichen Besatzungszonen und mit Tauschgeschäften hart an der Grenze zur Legalität ließ sich so mancher Engpass beheben. Und noch lange nachdem der Nutzfahrzeugbau in der DDR wieder in die Gänge gekommen war, prägten Vorkriegsfahrzeuge und abenteuerliche Eigenbauten das Straßenbild im Osten Deutschlands.

Der ebenfalls mit Benzinmotor ausgestattete GAZ 51 leistete auch seinen Anteil am Wiederaufbau der DDR.

Minimalisten: Ohne Dreiräder aller Marken wäre so manchem privaten Krauter der Einstieg in seine Nachkriegsexistenz nicht gelungen.

Auch wenn Kleintransporter mitunter etwas abenteuerlich aussahen, so hatten sie doch zumindest an jeder Ecke ein Rad.

Ob nun ein DKW F 8 oder ein Zettelmeier Straßenschlepper – man kann wohl davon ausgehen, dass alle Fahrzeuge, die den Krieg überstanden hatten, auch für den Wiederaufbau eingesetzt wurden.

Das trifft natürlich auch auf die Phänomen-LKW aus Zittau zu. Sicher, sie befinden sich heute in einem besseren Zustand als jemals zuvor, doch sie haben auch ganz andere Zeiten erlebt.

Vielfältig: Opel-Nutzfahrzeuge gab es in den unterschiedlichsten Varianten und in großen Stückzahlen. Froh, wer einen davon über die finsteren Zeiten retten konnte. Heute stellen sie sich als stabile, aber auch arbeitsintensive Wertanlage heraus.

EN 86-79

EF MW 736 H
EF MW 642 H

Wandlungsfähig: Nur durch den Firmenschriftzug am Kühlergrill lässt sich heute noch so mancher Vorkriegslaster identifizieren. Die aus der Not geborenen Umbauten muten zuweilen doch recht abenteuerlich an. Aber ein großes Lob all denen, die den Mut haben, ihre Oldtimer genau in diesem Zustand zu belassen.

Für schwere Aufräum- und Transportaufgaben war die Hanomag-Zugmaschine SS 100 mit ihren 100 PS genau das richtige Gefährt. Wenn sie allerdings aus Spritmangel mit einem Holzgasgenerator ausgerüstet war, reduzierte sich ihre Leistung um nahezu 40 Prozent.

Schwerarbeiter: Einer der wenigen LKW-Hersteller, für den es nach dem Krieg keinen Neuanfang geben sollte, war die VOMAG AG in Plauen. Das Werk wurde von den russischen Besatzern demontiert. Offensichtlich sollte von (ost)deutschem Boden nie wieder ein schwerer LKW losfahren.

Zeitgenosse: In genau diesem Zustand bekam man verschiedene Vorkriegslaster noch bis in die 80er Jahre auf DDR-Straßen zu sehen. Sein Originalzustand macht ihn zu einer echten Rarität.

Dagegen hat dieser Büssing-NAG 105 mit Allradradantrieb sehr viel Liebe bei der Restaurierung erfahren.

In welchem Zustand dieser Mercedes den Krieg überstanden hat, sei dahingestellt. Doch heute präsentiert er sich wie werksneu.

Alles dran, was ein LKW braucht – aber auch nicht mehr, so war der Mercedes-Benz L 4500 in der Nachkriegszeit im Interzonenverkehr im Einsatz.

Mangels Alternativen hatten Feuerwehrfahrzeuge aus der Vorkriegszeit in der DDR ein langes Leben. So auch diese Metz Drehleiter DL 30 auf Magirus FS 145 Fahrgestell. Da die Originalmaschine verschlissen war, werkelt unter der gewaltigen Haube ein H6-Motor.

Hier ein MAN MLK-Kipper, der in seiner DDR-Zeit immer wieder den Erfordernissen angepasst wurde.

Wer oder was ist IFA?

Über den »Industrieverband Fahrzeugbau«, kurz IFA genannt, grassierte im anderen Teil Deutschlands auch in interessierten Kreisen tiefes Unwissen. Die Kenntnisse über die Fahrzeuge in der DDR ließen sich unter der Formel »Trabbi, IFA, Ikarus« zusammenfassen und griffen dabei wohl »etwas« zu kurz.

Die Gründung der IFA datiert auf das Jahr 1948. Bereits im Mai 1946 ordnete die Sowjetische Militäradministration in Deutschland (SMAD) an, alle noch unter Sequester stehenden Firmen als enteignet zu betrachten. Noch im selben Monat wurde deren Übergabe in »Volkseigentum« vorbereitet, was bedeutete, dass die Betriebe ins Eigentum der öffentlichen Hand überführt wurden. Dafür standen die damals noch existenten Länderverwaltungen ein. Dieser Prozess dauerte jedoch offiziell noch bis zum März 1948, als die SMAD jeglichen gesellschaftlichen Besitz nunmehr zu »Volkseigentum« erklärte. Schon im Sommer 1946 hatte man begonnen, die Betriebe branchenweise sogenannten Industrieverwaltungen (IV) zuzuordnen. Dies war in administrativer Sicht notwendig, um den speziellen Bedürfnissen der Betriebssteuerung Rechnung tragen zu können. Betriebsleiter unterstanden somit den jeweiligen Hauptverwaltungen und deren Direktoren wurden von der Landesregierung berufen. Als länderübergreifendes Dach hob man 1948 die Deutsche Wirtschaftskommission (DWK) aus der Taufe, der prinzipiell alle »volkseigenen Betriebe« (VEB) unterstellt waren, gleich ob sie zentral, auf Länder- oder kommunaler Ebene geleitet wurden. Hinsichtlich ihres Fertigungsprofils gab es außerdem auch Vereinigungen Volkseigener Betriebe (VVB), die dennoch der Grundhierarchie untergeordnet blieben.

Unter den in Sachsen geschaffenen Industrieverwaltungen befand sich die IV 19, die am Standort Chemnitz 18 landeseigene Betriebe des westsächsischen Fahrzeugbaus umfasste. Zunächst separat in Dresden und Leipzig vergleichbare Industrieverwaltungen (IV 17 und 18) wurden schon Ende 1947 wieder aufgelöst und der Chemnitzer Behörde unterstellt. Damit hatten sich insgesamt 17 Fahrzeugproduzenten, 8 Aufbauhersteller, 22 Reparaturbetriebe sowie eine Reihe von Automobilzulieferern zusammengefunden. Dem folgte die Auflösung der Sächsischen Aufbauwerke (SAW), dem Verweser der

Ein Vorteil der Industrievereinigung IFA war, dass man Gemeinschaftsanzeigen gestalten lassen und schalten konnte, was die Kosten reduzierte und ein einheitliches Erscheinungsbild garantierte.

ENTWICKLUNG UND KONSTRUKTION

von Fahrzeugen des Straßenverkehrs ist ein Spezialgebiet, das zuverlässige Planung und fortschrittliche Technik erfordert. Seit fast zwei Jahrzehnten arbeiten unter dem IFA-Zeichen volkseigene Motoren-, Automobil-, Motorrad-, Fahrrad- und Anhängerwerke und eine große Zahl von Zulieferbetrieben zusammen. Sie haben in harter, unermüdlicher Arbeit eine moderne Fahrzeugindustrie aufgebaut und Fahrzeugtypen, vom Fahrrad bis zum schweren Lastkraftwagen, entwickelt, die nicht nur unserem Straßenverkehr das Gepräge geben, sondern in aller Welt anzutreffen sind. Die Entwicklung geht weiter und unaufhörlich rollen die Spitzenerzeugnisse der Volkseigenen Fahrzeugwerke der Deutschen Demokratischen Republik von den Taktstraßen und Fließbändern zum Nutzen der Menschheit, zum Fortschritt der Welt.

Kollektivstand volkseigener Fahrzeugbau
zur Leipziger Frühjahrsmesse 1963 im IFA-Pavillon (Halle 22)

Im Laufe der Jahre wurde das IFA-Zeichen zwar modernisiert, aber die frühen Ausführungen aus Metall mussten schnöden Folienaufklebern weichen.

einstigen Auto Union, und die Integration ihrer Betriebsteile in die IV 19. Inzwischen stand mit der Deutschen Wirtschaftskommission ein zentrales Lenkungsorgan zur Verfügung. Mit ihrer Hilfe wurde der ohnehin schwerpunktmäßig in Sachsen angesiedelte Automobilbau am 1. Juli 1948 auf eine breitere Ebene gebracht. Jenes Datum gilt als die Geburtsstunde der »IFA Vereinigung Volkseigener Fahrzeugwerke«. Das Kürzel »IFA« stand dabei für »Industrieverband Fahrzeugbau«. Nun über Sachsens Grenzen hinaus auf dem gesamten Gebiet der SBZ vereinigte die IFA den gesamten ostdeutschen Fahrzeugbau, steuerte die Fertigungseinrichtungen und war für die technische Entwicklung zuständig. Insgesamt umfasste dieser neue, auf »Volkseigentum« fußende Trust immerhin 13.700 Beschäftigte, denen auf privatwirtschaftlicher Basis keine nur annähernd vergleichbaren Betriebe mehr gegenüberstanden. Abgesehen von Handwerkern oder kleinen Mittelständlern befand sich die Automobilindustrie Ostdeutschlands nunmehr konzentriert unter dem Kürzel »IFA«.

... und das alles ohne Computer!

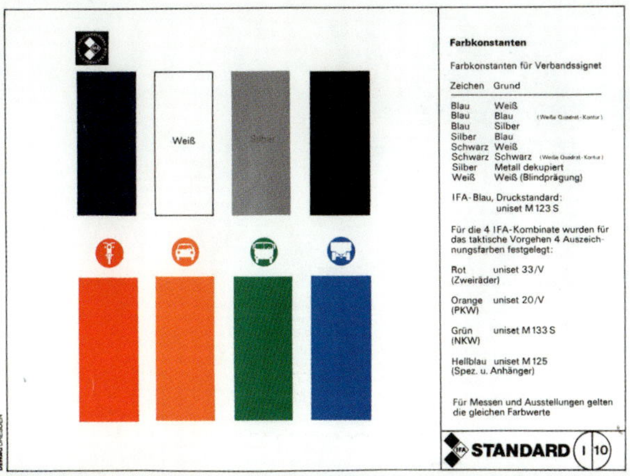

Damit dem »Industrieverband Fahrzeugbau der DDR« bei all seinen öffentlichen Auftritten ein einheitliches Erscheinungsbild sicher war, gab die »Koordinierungsstelle Werbung und Messen – Bereich Automobilbau« 1982 eine 50-seitige Gestaltungsrichtlinie heraus.

Neue Laster aus Zwickau

Trotz und gerade auch wegen der laufenden Demontage der ehemaligen Auto-Union-Werke Audi und Horch in Zwickau wurden im Herbst 1945 Vorschläge zu Papier gebracht, die einen Wiederanlauf des Fahrzeugbaus umrissen. Aufbauend auf den Möglichkeiten, die Fertigungseinrichtungen, aber auch im Krieg erarbeitete Neukonstruktionen boten, wollte man einerseits die Besatzer animieren, von der vollständigen Demontage abzusehen. Andererseits musste man für die verbliebene Belegschaft, die momentan größtenteils in die Demontage eingebunden war, eine Zukunft schaffen.

Deshalb ordnete die SMAD schließlich den Bau von Nutzfahrzeugen an. Ausgangspunkt bildeten einerseits der Auto Union 1500, ein Anderthalbtonner mit dem 2,6-Liter-Sechszylinder-Aggregat aus dem Wanderer W 23, andererseits noch im Werk lagernde Maybach-Otto-Motoren. Sie stammten aus den Beständen, die zum Kriegsende aus der abgebrochenen Montage von Halbkettenlafetten noch übrig geblieben waren. Mit 100 PS Leistung gegenüber dem Wanderer-Motor und seinen nur 62 PS ließ sich das Lastwagenkonzept auf eine Nutzlast von 3 Tonnen erweitern. An der modernen Kurzhaubenbauweise hielt man fest. 1947 begonnen, reichten die Bestände an Triebwerken immerhin für eine dreijährige Montage von sage und schreibe 852 Exemplaren.

Danach hatte man Sorge, wie es nach Aufbrauchen der Maybach-Motoren mit der Nutzfahrzeug-Montage weitergehen würde. Hier halfen Kontakte zum ehemaligen Chefkonstrukteur der Plauener VOMAG weiter, der sich vor seiner Westflucht zum neuen Arbeitgeber Krupp zunächst als Freiberufler durchs Leben schlug. Von ihm konnte man Pläne der leichten Dieselmotoren-Baureihe der VOMAG erhalten, auf deren Basis man in Zwickau eine neue, sogenannte Einheitsmotoren-Baureihe (EM) entwickelte. Sie war der

Auch bei der Werbung für den H3A gab man sich viel Mühe. Wichtig war immer der Gedanke an den Export, deshalb der diskrete Hinweis auf den Einsatz im Ausland.

Auftakt für eine neue Nutzfahrzeug-Generation, bei der man von der Kurzhaubenbauweise zum konventionellen Hauber zurückkehrte. Der Dreitonner H 3 A mit seinem wirtschaftlicheren Diesel- statt bisherigen Ottomotor konnte ab 1950 produziert werden und bildete fortan neben dem eigenen Dieselmotorenbau das Kerngeschäft des ab 1951 als VEB Kraftfahrzeugwerk Horch firmierenden einstigen Auto-Union-Werkes Horch. Abgeleitet davon produzierte man auch eine Niederrahmenvariante als H 3 B, die 1952/53 Ausgangspunkt für eine Serie von 35-sitzigen Omnibussen wurde. Der im Bautzener Waggonbau gefertigte Aufbau konnte aber kaum befriedigen, so dass der H 3 B für wenige Sonderaufbauten wie Möbel- oder Viehwagen im Programm nur noch ein Schattendasein fristete. Schon kurz nach der Serienaufnahme des H 3 A hatten die Konstrukteure von Horch begonnen, an Nachfolgemodellen zu arbeiten. Abgesehen von ehrgeizigen Plänen für einen Frontlenker, ging es mindestens darum, Leistung und Nutzlast des Lastwagens zu steigern. Doch selbst die grundlegendsten Maßnahmen gerieten zum Roulette mit den staatlichen Stellen. So gelang es erst 1958, in zwei Etappen ein Minimum durchzusetzen. Als S 4000 (»S« für die neue Marke »Sachsenring« und 4000 für die Nutzlastangabe in kg) erschien für nur drei Monate ein mit höherer Nutzlast und längerem Radstand herausgebrachtes Interimsmodell, das noch im gleichen Jahr Etappe Nummer zwei meisterte, die Leistungssteigerung des Vierzylinders von 80 auf 90 PS. Gleichzeitig konnte beim nunmehrigen »S 4000-1« das Getriebe mit dem des Werdauer Schwerlastwagen H 6 vereinheitlicht werden.

Vom ersten DDR-LKW, dem Horch H3, haben nur eine Handvoll überlebt. Dieser hier ist ein gelungener Nachbau aus dem »Sächsischen Nutzfahrzeugmuseum Hartmannsdorf«. Sofern vorhanden, wurden natürlich Originalteile verwendet.

SF 5-76-24

Das Titelbild des Dezemberheftes der KFT zierte ein H3A. Interessant ist die Diskrepanz zwischen dem Zustand der Straße und dem nahezu großstädtischen Flair des Hintergrundes. Das Ost-West-Gefälle?

Kurz und wendig: Im Bestand des »Sächsischen Feuerwehrmuseums Zeithain« befindet sich ein TLF 15 auf H 3 A-Fahrgestell. Fast 30 Jahre war er im Einsatz. Nachdem »dor gleene Donker« noch ein paar Jahre im Freien vor sich hin oxidieren musste, wurde er mit viel Liebe zum Detail restauriert.

Pumpe vor der Hütte: Ebenfalls aus dem Bestand der Riesaer Feuerwehrhistoriker stammt dieses LF 15-FPV (Löschfahrzeug mit 1500 l/min Pumpenleistung – Feuerlöschpumpe Vorbau). Bis 1991 war der H3A bei einer Betriebsfeuerwehr im Einsatz und brachte es dort gerade einmal auf 23.157 km. Das Fahrzeug hatte keine ernste Schäden, nur ein paar Gebrauchsspuren, und brauchte deshalb nur ein wenig »Kosmetik«, um in den jetzigen Zustand versetzt zu werden.

Ein guter Wurf,
eine gelungene Konstruktion:
der 3,5-t-Diesel-
Lastkraftwagen Typ H 3 A
80-PS-Viertakt-Vierzylinder-Dieselmotor
Jetzt mit fünffach gelagerter Kurbelwelle
Neu: Ölbadfilter mit Zyklon · 3,5 t Nutzlast · Geräumige Ladefläche · Modernes Fahrerhaus mit Klimaanlage und Geräuschdämpfung versehen, Raum für 3 Personen
Bereifung vorn einfach, hinten Zwilling
Umfangreiches Sonderwunschprogramm
VEB KRAFTFAHRZEUGWERK
HORCH ZWICKAU/SACHSEN

RK 21-48

RK 21-48

Obwohl in Zwickau von 1950 bis 1959 insgesamt 30.747 H3A vom Band liefen, haben vergleichsweise wenig überlebt. Die meisten wurden im Laufe der Jahre immer wieder umgebaut und mit Teilen vom IFA S4000-1 modifiziert. Motoren kamen in späteren Jahren gar vom W50! Bei vielen blieb nur das kurze Fahrgestell. Dieses grüne Exemplar verdanken wir der Initiative des »Sächsischen Nutzfahrzeugmuseums Hartmannsdorf«. Selbst nach langer, intensiver Suche fanden sie »nur« ein stark angeschlagenes Feuerwehrfahrzeug, von dem nur der Rahmen noch zu gebrauchen war. Aber der war aus dem Jahr 1956 und diente als Grundlage für diesen Neuaufbau. Ein passender Dreitonnen-Anhänger vervollständigt diesen für die frühen DDR-Jahre so typischen Lastzug.

Speziell für den Export wurde der H3S entwickelt. Er verfügte über einen längeren Radstand und eine Druckluftbremse. Dank des H6-Getriebes war er auch etwas schneller unterwegs.

Der Zustand des Pritschenwagens oben kommt dem optischen Zustand mancher volkseigenen Laster ziemlich nahe. Hatte ein privates Unternehmen das Glück, einen fahrbaren Untersatz zu bekommen, konnte er auch schon mal wie der gelbe Kipper aussehen.

Kein Patriot aus Zwickau: Die Weiterentwicklung des Zwickauer H3A fand in Werdau statt. Zur geplanten Ausführung mit ungeteilter Frontscheibe kam es nicht. Und die patriotische Fahrzeugbezeichnung gab es glücklicherweise nur auf dieser hübschen Grafik aus einer Kraftfahrzeugtechnik des Jahres 1956.

Alte Straße

Schön war er nicht, praktisch war er nicht – aber es war ein Bus, und die wurden in den Nachkriegsjahren dringend gebraucht. Die geringe Stehhöhe erwies sich als größtes Problem. Aber die Fahrgäste kamen wenigstens trockenen Fußes an ihr Ziel. Der hier gezeigte H3B – genannt »Maikäfer« – ist das einzige erhaltene Exemplar seiner Art. Er wurde unter der Regie des Reichenbacher Busunternehmers Siegfried Gerlach aus einem riesigen Berg Schrott in über fünf Jahren restauriert – oder soll man von einer Neuanfertigung reden? Der Bus aus dem Waggonbau Bautzen steht jedenfalls heute da wie vor einem halben Jahrhundert.

GRUNDSCH

Der Sprung ins kalte Wasser:
LKW und Busse aus Werdau

Mit völliger Auslöschung der Plauener VOMAG klaffte in der SBZ und späteren DDR eine empfindliche Lücke im automobilen Programm der IFA. Für den Bereich schwerer Lastwagen und Omnibusse war kein Hersteller in Ostdeutschland verblieben. Fachkräftestamm und damit wichtiges Wissen über den Lastwagenbau zerstreute sich mit Liquidierung der VOMAG in alle Winde. Und gerade beim Wiederaufbau war doch die eigene Versorgung mit schweren Nutzfahrzeugen besonders von Nöten, die mit dem einzigen auf dem Territorium der DDR ansässigen Hersteller verlorengegangen war. Wie schon erwähnt, hatten Vertreter des IFA-Werkes Horch den letzten Chefkonstrukteur der VOMAG aufgesucht und von ihm Pläne der leichten Plauener Dieselmotorenbaureihe erhalten können, die in Zwickau als Grundlage für die Schaffung eines neuen Triebwerks dienten. Dieses war vorausschauenderweise Teil einer neuen Baureihe von sogenannten »Einheitsmotoren«, die als Zwei-, Vier- und auch Sechszylinder entstanden. Während der Zweizylinder vornehmlich als Stationär- oder Einbaumotor für Land- und Baumaschinen gedacht war, der Vierzylinder, Auslöser dieser Aktion, als Antrieb des Dreitonnen-Lastwagens von Horch diente, stand mit dem Sechszylinder von 120 PS zumin-

1959 wurde auch schon der H6B mit beworben, aber damit war die H6 Familie auch schon komplett. Das soll nicht bedeuten, dass die Ingenieure keine Ideen gehabt hätten – aber da war ja auch noch die staatliche Plankommission…

dest schon die Antriebsquelle für einen größeren Lastwagen bereit. Parallel zur Entwicklung des H 3 A ging das Horch-Werk nunmehr daran, einen Sechstonner zu entwickeln. Den offiziellen Auftrag dazu hatte man im Februar 1948 erhalten. Wieder unter Mitarbeit des VOMAG-Chefkonstrukteurs Keilhack und alter »Auto Union«-Hasen gelang eine konventionelle, aber zeitgemäße Konstruktion, äußerlich dem modernen und unverwechselbaren Erscheinungsbild des kleineren H 3 A zum Verwechseln angepasst.

Die wenigen Anzeigen, die für den H6 geschaltet wurden, waren von doch recht unterschiedlicher Qualität. Möglicherweise lag es daran, dass die KFT in ihren ersten Erscheinungsjahren nur einfarbig gedruckt wurde.

Anders sah es einige Jahre später im Motorjahrbuch aus. Da griff man dann schon mal etwas mehr in den Farbtopf.

Diesellastkraftwagen

H6

Der Lastkraftwagen Typ H6 trägt eine Nutzlast von 6,5 Tonnen und zieht einen Anhänger mit 5 Tonnen Nutzlast. Sein wassergekühlter Sechszylinder-Dieselmotor Typ M 6-20 leistet 120 PS. Das 5-Gang-Wechselgetriebe, dessen Schrägzahnräder ständig im Eingriff stehen, kann auf Wunsch mit Nebenabtrieb geliefert werden.

Die Normalausführung wird als Pritsche mit Spriegelgestell und Plane geliefert. Außerdem ist das Fahrgestell für verschiedene Sonderaufbauten vorgesehen.

KFZ-WERK E. GRUBE, WERDAU

VEB KRAFTFAHRZEUGWERK „ERNST GRUBE", WERDAU (SACHSEN)

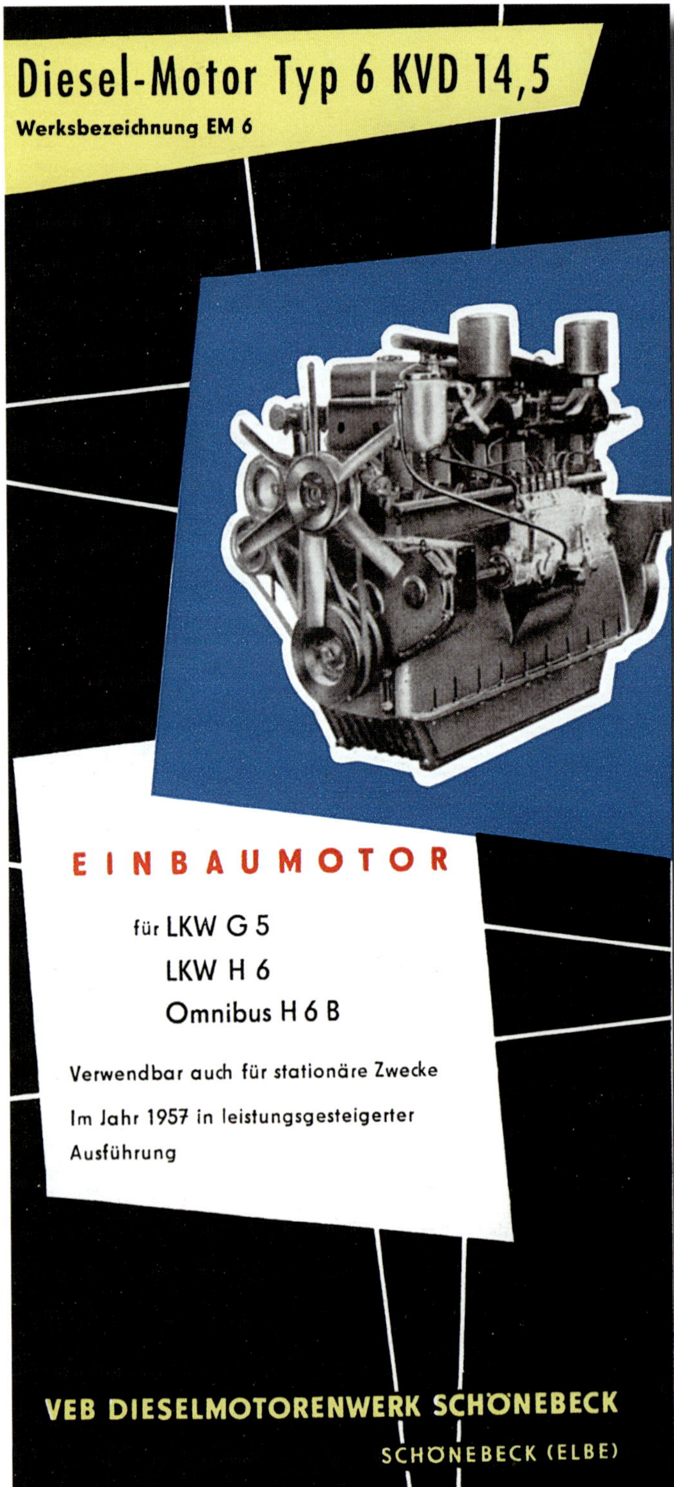

Doch bereits als man die konstruktiven Arbeiten 1950 zum Abschluss brachte, war klar, dass in Zwickau keine Kapazitäten bestanden, den folgerichtig H 6 genannten Lastwagen in nennenswerten Stückzahlen produzieren zu können. Der gerade angelaufene H 3 A strapazierte die Möglichkeiten über alle Maßen. So fiel die Entscheidung, den H 6 zu bauen, auf das LOWA-Werk Werdau. 1898 als Sächsische Waggonfabrik gegründet, erlebte der Betrieb in seiner Geschichte viele wechselvolle Jahre. Ab 1928 zu einem der beiden größten deutschen Waggonbaukonzerne, Linke-Hofmann-Busch (LHB), gehörend, hatte man dem Werk zunehmend lukrative Aufträge entzogen und es 1931 geschlossen. Neben dem Waggonbau seit Jahren namhaft als Aufbauhersteller vor allem für Omnibusse und Möbelwagen, wagte eine Gruppe ehemaliger Angestellter den Sprung in »kalte Wasser« und gründete 1932 die Fahrzeugbau Schumann GmbH als Aufbauhersteller für Nutzfahrzeuge. Unter der Auflage, keinen Schienenfahrzeugbau mehr zu betreiben, wurde das Werdauer Werk zunächst gepachtet, später käuflich übernommen. Schumann baute weiter erfolgreich auf einen erstklassigen Ruf als Lieferant von Omnibus-, Möbelwagen- und Spezialaufbauten sowie im Krieg als wichtigster deutscher Hersteller von Obussen. Nach Kriegsende und Enteignung unterstellte man das Werk der Sowjetischen Aktiengesellschaft (SAG) für Transportmittelbau und bezweckte – wie der Name Waggonfabrik Schumann-Werke schon sagt – die Rückkehr zum Schienenfahrzeugbau. Obwohl Waggonreparaturen durchgeführt wurden und sich Werdau als Kompetenzzentrum für den Straßenbahnbau etablierte, waren die Voraussetzungen für eine rentable Fertigung in dieser Branche nicht mehr gegeben.

Parallel zum Schienenfahrzeugbau hatte Werdau auf Basis noch vorhandener Obus-Chassis nach dem Krieg wieder zunächst mit dem Aufbau, bald auch mit der Konstruktion und Fertigung von neuen, teilselbsttragenden Obussen begonnen. Die Entscheidung für die Konstruktion eines selbsttragenden Busses war durch fehlende Fahrgestelllieferungen aus der Not heraus geboren, aber weitsichtig. Aus dem Bau der Straßenbahnen konnte man die Erfahrungen nutzen, rahmenlose Karosserien zu konstruieren. Die neuen Obusse erzeugten wiederum das Interesse von Verkehrsunternehmen, die dringend neue Kraftomnibusse brauchten. Allen voran die VVB Kraftverkehr Land Sachsen (Nachfolger der ehemaligen KVG Sachsen) erklärten sich bereit, aus der Kriegsfertigung zum Beispiel bei der Plauener VOMAG noch lagernde Maybach-Panzermotoren zusammenzutragen, so dass 1950 die erste Omnibus-Neukonstruktion, der W 500 aus Werdau, in bescheidenen Stückzahlen hergestellt werden konnte. Die 300 PS starken Benzin-Motoren waren nicht nur ungeheuer durstig, sondern auch nur begrenzt noch verfügbar, so dass auch hier wie in Zwickau beim H 3 bald die existentielle Frage nach neuen Motoren laut wurde. Im Vergleich zum H 3 war die Ausbeute der großen Maybach-Motoren bei weitem geringer. Vom W 500 konnten nur ganze 68 Exemplare gebaut werden.

Werdau machte wegen der lange schon demontierten Einrichtungen für den Waggonbau und seine überschaubare Betriebsgröße keinen Sinn mehr als Waggonfabrik. Als qualifizierter Fahrzeugbauer hatte man mit Schaffung eines selbsttragenden Omnibusmodells – quasi aus dem Nichts – doch viel mehr sein Können bewiesen. Insofern machte die Entscheidung, die Serienfertigung des Horch H 6 nach Werdau zu vergeben, schon Sinn, wenngleich sie mit erheblichen Investitionen in die altehrwürdigen Hallen verbunden war, denn weder als Finalproduzent noch als Großserienher-

Die Stärken des H6 lagen eher auf festem Untergrund. Da es aber keine anderen LKW in dieser Leistungsklasse gab, wurde er auch als Kipper angeboten, und wenn er nicht ausgerechnet bei der Wismut verschlissen wurde, machte der auch hier eine gute Figur.

steller mit Montageband hatte Werdau jemals Erfahrungen gesammelt. Im Juli 1952 verließen dann die ersten H 6 das Werdauer Werk. Zum Monatsanfang war dazu die Ausgliederung des bisher zur VVB LOWA (Vereinigung Volkseigener Betriebe für Lokomotiv- und Waggonbau) gehörenden Werkes in die VVB IFA eine nur logische Konsequenz. Die

Kraftfahrzeug-
technik
S 4000 ▸ ½ TONNE MEHR
IFA

Lebensniveaus bestand, musste der immer wieder angekündigte »Trabant« – das Volksauto der DDR – endlich das »Laufen lernen«. Da aber in Zwickau schon alle Kräfte gebündelt waren, ohne merkliche Verbesserungen bei den Stückzahlen zu zeigen, kam es zu einem tiefen und folgenschweren Einschnitt beim landeseigenen Fahrzeugbau. Zum Jahresende 1959 wurde die Einstellung des Schwerlastwagen- und des Omnibusbaus verfügt, um Zwickau von der Montage des Dreieinhalb- bis Viertonners zu befreien. Trotz hoffnungsvollen Starts und guter Basis, die im Lastwagenbau unter größten Anstrengungen geschaffen worden war, setzte man kurzerhand einen Schlussstrich, der für die Folgezeit mit teuren Fahrzeugimporten verbunden war.

Per Jahresbeginn wurde der einstige Horch H 3 A, inzwischen zum Sachsenring S 4000-1 weiterentwickelt, nun ein Werdauer. Entgegen der ursprünglichen Festlegung, auch den für die NVA gefertigten Dreiachser G 5 mit einzustellen, konnten sich die Militärs bis 1964 durchsetzen, seinen Bau aufrecht zu erhalten. Erst als spürbare Lieferungen des sowjetischen Armeelasters »Ural« die DDR erreichten, weil der verheißungsvolle G 5-Nachfolger G 5-3 Opfer des Rotstiftes wurde, stellte man in Werdau die Montage ein. Bis dahin rollten S 4000-1 und G 5 brüderlich vom selben Fließband, wenngleich sie noch weniger Gemeinsamkeiten als H 6 und G 5 hatten. Grundlegende Modifikationen wie Steigerung der Nutzlast auf 4,5 Tonnen, Ganzstahlfahrerhaus, verbesserte Vorderachse, die für Sattelzugmaschinen und Sonderaufbauten wie Ladekran usw. nötig gewesen wären, ließen sich auch in Werdau nicht mehr verwirklichen. Entwicklungstechnisch trat man weiter auf der Stelle. Dennoch erreichten Zwickau und Werdau zusammen mit der Reihe H 3 A/S 4000-1 eine Auflage von über 50.000 Exemplaren. Abzüglich des nicht zu unterschätzenden Exportanteils liefen diese zuverlässig in großer Stückzahl bis über die 1989er Wendezeit hinaus. Zu Recht kann man den S 4000-1 als den Standardlastwagen der frühen DDR bezeichnen. Ohne ihn wäre Lastentransport auf den Straßen Ostdeutschlands undenkbar gewesen. Nach endgültiger Einstellung der Fertigung wurde das VEB Kraftfahrzeugwerk »Ernst Grube« Werdau ab 1967 zum Anhängerproduzenten umgestaltet. Mitte der achtziger Jahre erfuhr das in seiner Geschichte schon viel gebeutelte Werk nochmals eine Trendwende, und zwar als Hersteller von Ersatzkarosserien für den Personenwagen Trabant.

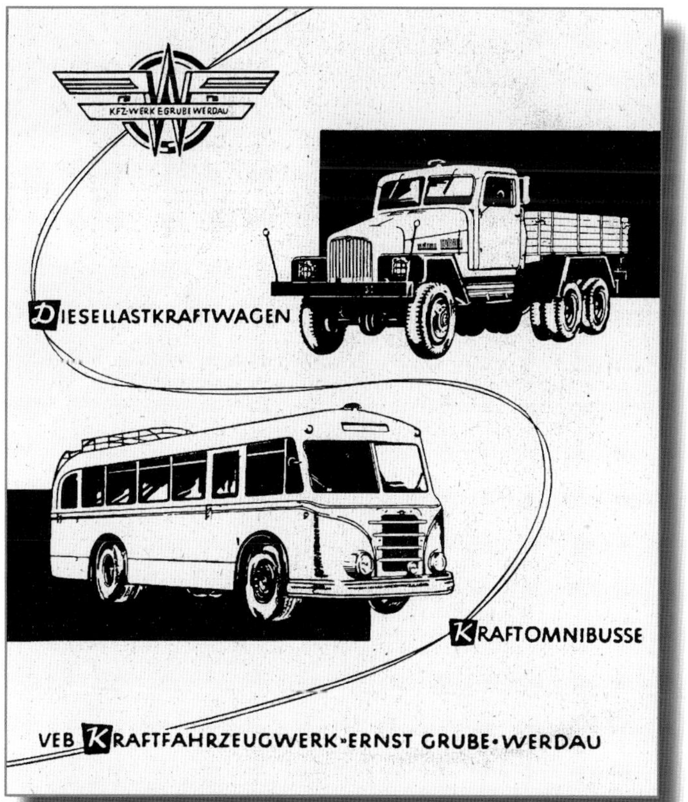

Mit dieser brillanten Grafik wartete die KFT im Juni 1958 auf.

Wenn einer der Werdauer Laster in puncto Werbung stiefmütterlich behandelt wurde, dann war es der G 5.

Der IFA H6 – eine Legende

Es war nicht alles grau: Ein rollender Beweis ist dieser IFA H6-Kipper, der in der DDR für etwas Farbe im ansonsten so tristen Straßenbild des Arbeiter- und Bauernstaats sorgte.

DIESEL
CB IH 6 H

4,8m
Schwanebeck
Schwanebeck
HBS 0735

Als einziger ernst zu nehmender Fernverkehrslaster aus DDR-Produktion war der IFA H6 mit den verschiedensten Anhängern unterwegs. Im Anhängerbau war Leichtbau noch ein Fremdwort, Vorkriegshänger waren keine Seltenheit. Da tat sich der 6-Tonner, anfänglich nur mit einer 120-PS-Maschine ausgestattet, doch schwer. Als später die 150-PS-Motoren zu Einsatz kamen, besserte sich die Situation schon etwas. Wer dann noch – auf welchem Weg auch immer – an einen 190 PS leistenden sogenannten »Schönebecker«-Motor kam, wurde zum »King of the Road«.

Lief nie vom Band. Nutzfahrzeugrestaurierungen gleichen zuweilen einem Neuaufbau. Zu viel ist zerschlissen, marode oder funktioniert nicht mehr. Doch bei diesem Exemplar kann man tatsächlich von einem Neuwagen sprechen. LKW-Besitzer waren aufgrund der unzureichenden Versorgung mit Ersatzteilen gezwungen, Teile zu lagern, sobald sie ihrer habhaft werden konnten. So sammelte sich über die Jahre einiges an, nach der Wende verlor man das Interesse und vieles wurde verschrottet. Doch bei diesem H6 war alles anders: Anfang 2000 stellte ein

In Gedenken an Gerhard Ludwig * 5. September 1932 – † 16. März 2018

ehemaliger Fuhrunternehmer und Oldtimer-Liebhaber fest, dass er noch über jede Menge nagelneuer Teile verfügte. Sicher, man hätte sie verkaufen können, denn mittlerweile gab es einen Markt für so etwas. Man könnte doch aber noch mal einen nagelneuen H6 auf die Räder stellen, der nie das Fließband in Werdau verlassen hatte. Gesagt – getan: nach gut zwei Jahren konnte das Ergebnis besichtigt werden.

TU 4

NF 92-92

So waren sie häufig auf den Straßen des Sozialismus zu finden, als Pritschenwagen ohne Plane. Fahrten ohne Anhänger wurden zwar staatlicherseits nicht gern gesehen, aber auch damals gab es schon Sachzwänge. Zunächst unterscheiden sich die hier gezeigten H6 nur durch ihre Farbgebung, aber bei genauer Betrachtung lassen sich Details erkennen, die auf unterschiedliche Epochen schließen lassen: Anhängerdreieck, Pendelwinker, Blinker, Begrenzungslampen. Der Graue oben stellt den Urzustand dar, wie er 1952 das Werdauer Werk verlassen haben mag.

IFA
PM 04394

Wilhelm Schneider
Tel. 0 53 67 / 12 24

SH 26-87

Betriebssauber: Nicht einmal Kosmetik hatte dieser 5-Tonnen-Kran nötig, als sein Besitzer ihn im Jahr 2000 fand. Mitte der 50er-Jahre baute die Leipziger Firma Bleichert nur 60 Kräne auf dem H6-Fahrgestell auf. Man mag sich vorstellen, wie hart der Arbeitsalltag für solch ein Fahrzeug war, umso verwunderlicher ist es, dass dieses Fahrzeug noch heute voll einsatzfähig ist. Und das im unrestaurierten Zustand.

Der Landfilm kommt: Ganz selten waren Kofferaufbauten auf H6-Fahrgestellen. Sicher gab es Aufbauten für Möbeltransporte, aber das waren immer nur Einzelstücke. Etwas anders sah das bei Kinofahrzeugen aus. In den 50er Jahren steckte das Fernsehen noch in den Kinderschuhen, Fernsehgeräte waren unerschwinglich und rar. Da es aber in der DDR immer irgendwelche Höhepunkte und Feierlichkeiten gab, derer der Bürger teilhaftig werden sollte, wurden Kinowagen eingesetzt. Komplett mit Tonfilmanlage und Leinwand ausgestattet, fuhren sie über Land, um von den Erfolgen des Sozialismus künden. Dieser und zwei weitere haben die DDR überlebt und sind auch weiterhin voll einsetzbar. Bei einem Fahrzeug mit so viel Patina verbietet sich natürlich jede Restaurierung…

… ganz anders sieht es bei diesem MINOL-Tankzug aus, der derzeit restauriert wird. Man kann sich kaum vorstellen, dass aus diesem Haufen Altmetall jemals wieder ein fahrbereiter, vorzeigbarer Lastzug wird. Da Tankaufbauten auf H6 nicht allzu häufig waren, lohnt sich der Aufwand, um diesen Zeitzeugen einer längst vergangenen Epoche zu erhalten.

IFA
AA 62-26

Verschleißartikel: Erhebliche Mengen von Muldenkippern auf H6-Basis wurden von der Firma Hunger in Frankenberg und vom VEB Spezialfahrzeugbau Berlin produziert. Die Baubetriebe der DDR brauchten für ihre Großbaustellen dringend entsprechende Fahrzeuge. Absolute Priorität bei der Belieferung hatte aber die »SDAG Wismut«. Allerdings waren die Kipper dort auch in kürzester Zeit verschlissen – der H6 war eben kein Geländefahrzeug! Die Folge war, dass von den schweren Muldenkippern keiner überlebt hat. Das brachte die Betreiber des DDR-Museums in Dargen/Usedom auf den Gedanken, für ihre Ausstellung einen dieser Kipper nachzubauen – und das mit vollem Erfolg, wie diese Bilder zeigen.

GC H616H
Hermsdorf/Sa.

Baulöwen: Für alles, was in der DDR irgendwie mit Hydraulik zu tun hatte, zeichneten die »Walter Hunger Fahrzeugwerke« im sächsischen Frankenberg verantwortlich. So war es selbstverständlich, dass auch die Dreiseitenkipper auf H6 dort gebaut wurden. Im IFA-Werk in Werdau war man nicht übermäßig flexibel und daher nicht in der Lage, die Fahrgestelle den Erfordernissen des Aufbauherstellers anzupassen. So musste zunächst bei allen gelieferten Fahrgestellen der hintere Überhang gekürzt werden. Damit entfiel auch der Platz für das Reserverad am hinteren Rahmenende. Dieses fand nun seinen Platz zwischen Fahrerhaus und Kippaufbau.
Die ersten Kipper aus Frankenberg wurden noch mit Pritschen aus Stahlblechboden und Holzbordwänden ausgeliefert. Von diesen Fahrzeugen haben nur wenige Exemplare die Zeiten überdauert und mussten meist umfangreich restauriert werden.

Von den Dreiseitenkippern in Ganzstahlausführung haben deutlich mehr überlebt. Das liegt zum einen daran, dass im Arbeiter- und Bauernstaat immer irgendwo irgendwas gebaut wurde und es ständig an geeigneten Fahrzeugen mangelte, so dass man auf die H6-Kipper nicht ganz verzichten konnte. Zum andern mussten Haushalte und Industrie mit Heizmaterial versorgt werden. Das erledigten zum großen Teil Privatunternehmer, die froh waren, überhaupt einen LKW zu bekommen und ihn natürlich entsprechend pflegten.

Viele der DDR-LKW, unabhängig vom Eigentümer, mussten beim Winterdienst mit ran. Daher waren viele mit entsprechenden Halterungen für Schneepflüge ausgestattet.

Um in der kalten Jahreszeit den Motor auf Betriebstemperatur zu halten, wurden als Zubehör erhältliche Abdeckungen aus gefüttertem Leder am Kühlergrill montiert.

Auch ein Zementanhänger am Kipper war nicht ungewöhnlich. Schon ungewöhnlicher war hingegen ein Kohlenkipper – erkenntlich an den hohen Bordwänden – mit Dreiachshänger. So etwas wurde in der DDR nicht produziert. Wozu auch, es gab ja kaum geeignete Zugfahrzeuge – von Importen einmal abgesehen.

Kurz und gut: Im Jahr 1956 verließ der erste IFA Z6, eine Straßenzugmaschine mit 3,20 Meter Radstand, das Werk in Werdau. Von den Fahrern einfach nur »Zet« oder »Zicke« genannt, prägte diese mit diversen Anhängseln das Straßenbild. Häufig war sie mit zwei Anhängern unterwegs. Nachdem sie im volkseigenen Einsatz das ihre geleistet hatten, freuten sich private Kohlenhändler, die sie oft mit Kippaufbauten versahen, und Schausteller über die kompakte »Zet«. Einsatzzeiten von 40 Jahren waren keine Seltenheit.

Fuhrbetrieb
H.-J. Ebert & Co. KG
Schmannewitz
SM 47-71

Jochen Zitzmann
Mühle
INGERSLEBEN

Elefantenstark: Nicht unbedingt der Leistung wegen, sondern wegen ihrer Seltenheit. Exakt eine der ohnehin nur in geringen Stückzahlen gebauten Zugmaschinen mit Doppelkabine hat die Zeiten überdauert und zeigt sich heute perfekt restauriert.

Meist mit einem defekten Bus in Schlepp, verdiente sich diese »Zet« ihr Gnadenbrot bei den Dresdner Verkehrsbetrieben.

Raritätenkabinett: Nur wenige der Spezialaufbauten haben überlebt. Sowohl der Abschleppwagen als auch der Langholzzug sind nicht serienmäßig. Sie wurden, meist von Privatfirmen, entsprechend dem Kundenwunsch gefertigt.

Extralang: Nur das Fahrerhaus mit seiner verlängerten Motorhaube stammt aus Werdau, Fahrgestell und Maschine stammen von einem Mercedes L 6500, die Kippbrücke ist Eigenbau.

Mogelpackung: So hätte er aussehen können, der Nachfolger des H6. Aber wie so oft machte auch hier nur die Not erfinderisch. Einige findige Fuhrunternehmer kamen auf die Idee, das verschlissene H6-Fahrerhaus durch die W50-Fernfahrer-Kabine zu ersetzen. Das war viel bequemer und sah auch noch gut aus. Eine W50-Hütte zu bekommen war natürlich nicht einfach, aber in der DDR brauchte ja bekanntlich immer irgendwer irgendwas…

Sonderfahrt
49
49
DD VB 1206

Einzelstück: Den einzig noch existierenden H6B/S, also einen Stadtbus mit Schiebetür vorn, restaurierten die Dresdner Verkehrsbetriebe. Fast 10 Jahre intensiver Arbeit und Ersatzteilbeschaffung waren nötig, um den ehemals in Dresden eingesetzten Bus wieder im alten Glanz erstrahlen zu lassen. Bemerkenswert ist die alte Heckpartie mit der kleinen Scheibe. Die meisten H6-Busse wurden im Rahmen von Generalreparaturen mit der größeren Panoramascheibe ausgerüstet und als Oldtimer auch in diesem Zustand belassen.

H6B
Kraftfahrzeug-technik
7
Juli 1958 · 6. Jahrgang · Seiten 241-280 · Heftpreis 1,– DM
Postverlagsort für DDR Dresden · für DBR Berlin
VEB VERLAG TECHNIK · BERLIN

KRAFTOMNIBUS
Der Kraftomnibus Typ H6B erfüllt im Stadt- und Überlandverkehr seine vielseitigen Aufgaben mit gleichmäßiger Zuverlässigkeit
Denn der fortschreitenden technischen Entwicklung wird von den Arbeitern und Ingenieuren des Herstellerwerkes VEB Kraftfahrzeugwerk „Ernst Grube" in Werdau stets Rechnung getragen
VEB KRAFTFAHRZEUGWERK »ERNST GRUBE« WERDAU

PM BB 24H

Auch mit dem passenden Personenanhänger – ebenfalls eine Werdauer Entwicklung – ausgestattet machte der H6-Bus eine gute Figur. Bis zur Einstellung des Hängebetriebes im Personenverkehr waren diese Gespanne recht häufig auf den Straßen anzutreffen.

Riesenschnauzer: Keine Werdauer Entwicklung ist dieser heute recht skurril anmutende Doppelstockbus der BVG-Ost. Nur Motor und Achsen lieferte das sächsische IFA-Werk. Die Konzeption des Doppeldeckers Do 54 übernahmen die Ingenieure und Techniker der BVG. Nach intensiver Überzeugungsarbeit gewann man schließlich den Waggonbau Bautzen für die Serienproduktion.

7
Glienicke Kirche
929
Einstieg nur hinten
BVG
B DO 541H

Der IFA G5: Einer fürs Grobe

SI 31-69

Nasenbär: Die gewaltige Vorbau-Kreiselpumpe verhalf dem TLF 15 zu seinem martialischen Aussehen. Alle feuerwehrtechnischen Ausrüstungsgegenstände waren sofort zugänglich, das Wendestrahlrohr prädestinierte den »Tanker« für Schnellangriffe.

Auf einem ehemaligen NVA-Fahrzeug entstand dieses Wasserrettungsfahrzeug für den Einsatz an der Elbe bei Torgau.

Maßarbeit: Nach den Vorstellungen der Werksfeuerwehr des Flughafens Dresden-Klotzsche fertigte eine Stellmacherei dieses formschöne Bergefahrzeug. Der Aufbau enthielt nur schwere Bergetechnik. Das Fahrzeug war bis 1991 im Einsatz und fiel danach dem Verfall anheim. Von den Mitgliedern des Sächsischen Nutzfahrzeugmuseums Hartmannsdorf wurde es praktisch neu aufgebaut.

Erstaunlich, wie sehr die Vorbaupumpe das Tanklöschfahrzeug von anderen G5 abhebt

So kennt man ihn, den Mannschaftstransportwagen G5 mtw, vor allem diejenigen, die das zweifelhafte Vergnügen hatten, während ihres Ehrendienstes bei der NVA auf dem robusten Dreiachser ihre LKW-Fahrerlaubnis zu erwerben.
Bei dem hier abgebildeten Exemplar handelt es sich um einen G5-II aus dem zweiten Bauabschnitt ab 1957.

Das Hebezeugwerk Sebnitz baute etwas über 100 3-to-Kräne auf dem G5 auf. Sie waren ausschließlich für die bewaffneten Organe bestimmt. Erst wenn sie ihren Dienst bei der NVA hinter sich hatten, kamen sie in zivile Einrichtungen. Mit viel Glück gab es dann auch einen neuen Anstrich.

»Arbeiterwaschmaschine«: Traurige Berühmtheit erlangte der G5-Wasserwerfer beim Bau der Berliner Mauer am 13. August 1961. Bei dieser Gelegenheit wurde das als »Sonderkraftwagen 2« bezeichnete Fahrzeug erstmals einer breiten, nicht unbedingt interessierten Öffentlichkeit in Ost und West vorgestellt. Obgleich nur knapp 30 Exemplare hergestellt wurden, haben doch einige überlebt. Wahrscheinlich wurden sie bis zum Fall der Berliner Mauer noch irgendwo als stille Reserve vorgehalten, denn Ende der 70er Jahre wurden sie eigentlich schon durch polnische(!) Wasserwerfer von Typ Hydromil auf Star-29-Fahrgestellen ersetzt.

Gef. Kl. A III
4000L
Feuergefährlich!

MINOL
4500 l
MINOL
Feuergefährlich

Der Spezial-Kesselwagen SpR/1 beim VEB Spezialfahrzeugwerk Berlin-Adlershof war als Entgiftungsfahrzeug bei der DDR-Zivilverteidigung im Einsatz.

Erst mal grün: Der als G5 tank 1550 bezeichnete, 4000l Kraftstoff fassende Tankwagen wurde auch wieder vornehmlich an die bewaffneten Organe geliefert. Nach Dienstende bei der NVA wurden die Tanker an andere gesellschaftliche Bedarfsträger geliefert. Besonders in der Landwirtschaft waren die geländegängigen Dreiachser beliebt, konnten sie doch zum Betanken von Landmaschinen direkt aufs Feld fahren.

Der Kundendienst kommt: Nach dem authentischen Vorbild eines Werkswagens des IFA-Fahrzeugwerks »Ernst Grube« Werdau entstand dieser Werkstattwagen. Das Original diente als Fahrschulwagen und zur Lehrlingsausbildung.

P GO 50H

HUNGER
Kipper
ein Qualitätsbegriff
HUNGER
Kipper
FRANKENBERG / SACHS.

Helmut Eckardt
Bad Lausick/Sa.
Ruf 20829

MTL 04017

Bau auf, bau auf: Keine der zahlreichen Großbaustellen der jungen DDR kam ohne die geländegängigen Kipper aus Werdau aus – d. h. eigentlich kamen sie ja aus Frankenberg in Sachsen. Dort residierte die Firma Walter Hunger, der Hydraulikspezialist schlechthin, und baute unter anderem Dreiseitenkipper auf G5-Fahrgestelle. Sie bildeten gewissermaßen das Rückgrat der Bauindustrie, bis sie von entsprechenden Fahrzeugen aus der Sowjetunion abgelöst wurden.

»Kuki«: Diese Abkürzung stand umgangssprachlich für »Kurzkipper«. Für einen Muldenkipper schien der Fa. Hunger das Fahrgestell zu lang. So erklärte sich das Werdauer Werk bereit, den Radstand zwischen erster und zweiter Achse um 400 mm zu kürzen. So entstand der G5k. Obwohl man seitens der Hersteller wusste, dass man den Bedarf an Muldenkippern nicht würde decken können, ließ man dennoch eine Anzeige in der KFT veröffentlichen.
Dem hier abgebildeten Exemplar sieht man den gnadenlosen Einsatz an, das Schutzdach fiel irgendwann einmal dem Schweißbrenner zum Opfer. Es dürfte sich um den einzigen noch verbliebenen »Kuki« handeln.

Der IFA S 4000-1: Einer für alles

ERZ 07004
KD 4
11.4 t
Ladegew. 7,5t
7,9t
11,8 m²

Bewährte Technik unter neuem Namen: Kurz nachdem Walter Hunger 1958 »nüber gemacht« war, wurde sein zurückgelassenes Unternehmen zunächst in die Hände des Staates gegeben und schließlich auch umbenannt. Fortan firmierte man unter »VEB Fahrzeughydraulik Frankenberg«.
Diesen mit viel Liebe zum Detail restaurierten Kipper ziert schon das neue Logo, während auf der Hunger-Anzeige noch die alte Firmierung zu sehen ist.
S 4000-1 KSW 7d, so lautet die etwas hakelige Bezeichnung für den auf das etwas kürzere Fahrgestell (3250 mm) des H3A aufgebauten Dreiseitenkipper.

FHF
ERZ 07004

PR 0726

L 060198

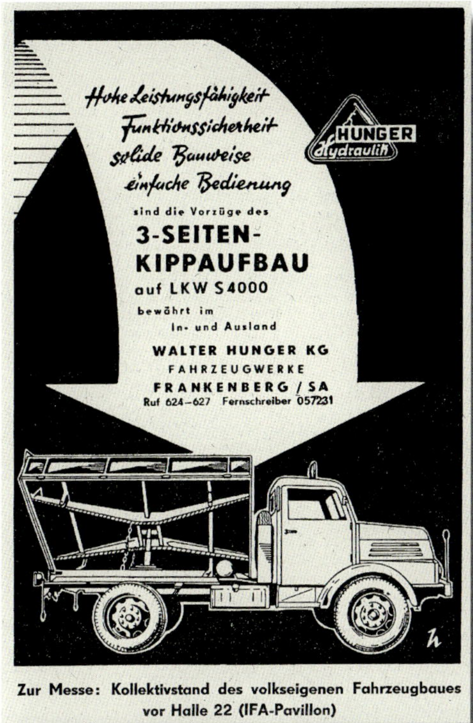

Not macht erfinderisch: Kaum einer der heute noch existierenden S 4000-1-Kipper verfügt noch über den originalen Aufbau. Um den Mangel an LKW zu kompensieren, wurden die Fahrzeuge immer und immer wieder umgebaut und den jeweiligen Erfordernissen angepasst. Viele der heutigen Besitzer haben beschlossen, ihre Laster im letzten Betriebszustand zu erhalten, und so zeugen sie heute vom Einfallsreichtum der DDR-Fuhrunternehmer.

Ob dieser S 4000-1 als Ganzes überlebt, bleibt fraglich, aber als automobiler Organspender dient er ganz sicher noch.

Der exotischste Bruderstaat der DDR war Kuba, und da man sich gerne weltoffen gab, zierte auch schon mal ein S 4000-1 den Titel der KFT.

In solch einem hervorragenden Zustand könnte ein Lastzug bei einem Privatunternehmer im Einsatz gewesen sein.

Brot und Butter: Mit Fug und Recht kann man behaupten, dass der S4000-1 in seinen zahlreichen Varianten das Rückgrat des Güterkraftverkehrs in der DDR bildete. Es gab wohl kaum ein Einsatzgebiet, wo die wendigen Viertonner nicht anzutreffen waren.

»Bauern-Bus«: Korrekt hießen diese Aufbauten »Leutewagen« und wurden meist in Eigenregie gefertigt. Sie dienten eigentlich zum Transport der Bauern zu ihren jeweiligen Einsatzorten. Zuweilen wurden sie aber auch vor städtischen Theatern u.ä. gesichtet.

Grenzwertig: Vollbeladen und mit dem schweren Stabholzanhänger im Schlepp, dürfte der S4000-1-Möbelwagen die Grenzen seiner Leistungsfähigkeit schnell erreicht haben. Aber Zeit spielte ja damals keine entscheidende Rolle. Wichtig war, dass man einen Umzugswagen bekam, wenn man ihn brauchte.

Vor allen Dingen für die Deutsche Post wurde der Bautruppwagen KSW 1 a mit Doppelkabine auf dem kurzen Fahrgestell aufgebaut.

Kraftfahrzeug-technik

VEB VERLAG TECHNIK

VT

7. Jahrgang 10

Postverlagsort für DDR Dresden, für DBR Berlin · Heftpreis 1,– DM · Seiten 365–404 · Oktober 1957

Der Apparate- und Behälterbau Reinsdorf belieferte den VEB Minol, die Mineralölgesellschaft der DDR, mit solchen Tankfahrzeugen.

Auch für die Entsorgung musste der S4000-1 herhalten. Sei es nun als Müllfahrzeug, als Kehrmaschine oder wie hier als Fäkalienwagen mit der profanen Bezeichnung KSW 7c. Den Aufbau fertigte das Spezialfahrzeugwerk Berlin.

V.l.n.r.: Bautruppwagen (Deutsche Post), Mannschaftstransportwagen, Gerätewagen GW/60. Diese Fahrzeuge gehören zum Bestand des Sächsischen Feuerwehrmuseums in Zeithain.

Rettungsgerätewagen RTGW/59 aus dem Feuerlöschgerätewerk Luckenwalde.

Ohne den Viertonner aus Werdau war der Brandschutz in der DDR nicht denkbar. Anfänglich noch mit dem H3A und später mit dem S4000-1 sahen sich die Verantwortlichen erstmals in der Lage, viele der Vorkriegsfahrzeuge abzulösen. Es gab wohl kaum einen Einsatzzweck, dem sie nicht gewachsen waren. Einige der Einsatzfahrzeuge taten bis zum Ende des real existierenden Sozialismus ihren Dienst.

Lange brauchte die DDR-Industrie, um eine eigene Drehleiter herzustellen. Erst 1963 kam die DL 25 auf den Markt. Insgesamt wurden nur 60 Exemplare produziert.

So könnte ein Einsatz mit einer DL 25 ausgesehen haben.

Nur in geringer Stückzahl wurde der S 4000-T produziert, eine Variante mit Tiefrahmen. Sie war vor allen Dingen für Viehaufbauten gedacht. Um aber den wachsenden Bedarf an Drehleitern zumindest notdürftig zu decken, wurden sieben Exemplare mit aufgearbeiteten Magirus-Leiterparks aus den 40er Jahren versehen.

Diese geflügelte Ölkanne, die wohl des Reimes wegen einen Pirol darstellen sollte, gab unter dem Slogan: *»Stets dienstbereit zu ihrem Wohl ist immer der Minol-Pirol«* dem Bürger in der Werbesendung (gab es auch!) des DDR-Fernsehens »Tausend-Tele-Tips«, nützliche Hinweise zum sachgerechten Umgang mit seinem fahrbaren Untersatz.

Allerhand Anstrengungen wurden unternommen, um den Bedarf vom VEB Minol nach Fahrzeugen mit größerer Tankkapazität zu sichern. Man wollte teure Westimporte vermeiden. So wurden Sattelzugmaschinen vom Typ S4-1S mit 9035 Litern fassenden Tankaufliegern versehen, um vor allen Dingen die Großtankstellen mit Kraftstoff zu beliefern. Wegen technischer Mängel an den Zugmaschinen blieb es nur bei einer Kleinserie.

MINOL
Feuergefährlich !
Franz Poller
FUHRGESCHÄFT
Ellefeld/Vogtl.
V 07523

Gef. Kl. AI
MINOL
Feuergefährlich !
Feuergefährlich !
V
07053

Quadratisch, praktisch, gut: Großer Beliebtheit erfreute sich die Straßenzugmaschine S4-1Z vor allen bei Kohlenhändlern, Möbelspediteuren und Schaustellern. Zumeist mit zwei Anhängern im Schlepp, war sie aus dem Straßenbild der DDR nicht wegzudenken.

Ungleiche Brüder: Nicht nur der äußere Zustand unterscheidet diese beiden Zugmaschinen. Unter der grauen Motorhaube werkelt ein Deutz-Motor. Wahrscheinlich war mal wieder keine Austauschmaschine zu bekommen…

Was es nicht alles gab…: Ein S4000-1 mit drei Achsen hat natürlich nie das Werdauer Werk verlassen. Dieses Fahrerhaus wurde auf einen – vermutlich englischen – Militärlaster aus Kriegstagen verpflanzt. Genaueres ist leider nicht bekannt. Dieser Exot gehört dem DDR-Museum in Dargen auf Usedom.

Fleischer-Busse: Die Eleganten

Nur ganz wenige schafften es, in der DDR-Planwirtschaft mit privater Initiative ihre Nische zu finden und auszufüllen. Einer jener außergewöhnlichen Persönlichkeiten war Fritz Fleischer. 1903 geboren, lernte er den Beruf des Stellmachers und Karosseriebauers von der Pike auf, durchlief einige namhafte Stationen von der heimatlichen Traugott Golde AG bis zu den Kruck-Werken in Frankfurt/M. 1927 übernahm er zusammen mit Kompagnon Bergner eine traditionsreiche Hofwagenfabrik in Gera. Kurz nach der Gründung musste sein Mitstreiter aus gesundheitlichen Gründen aufgeben. Fritz Fleischer führte den Betrieb, der sich vornehmlich mit Unfallinstandsetzungen und traditionellem Karosseriebau beschäftigte, auf eigenen Namen weiter.

Nach dem Krieg, der kleine Betrieb hatte überlebt, war aber stark zerstört, wendete man sich schließlich dem Bau von Omnibussen zu. Die DDR brauchte dringend entsprechende Transportmöglichkeit, besonders im Arbeiterverkehr.

Die Busse aus dem Hause Fleischer machten sich bei damals noch zahlreich in der DDR existierenden privaten Omnibusunternehmern schnell einen guten Namen. In der Verteilungskette bei viel zu wenigen Neufahrzeugen ganz hinten angesiedelt, war Fleischer die Station, bei der alte Omnibuschassis, meist Kriegsbaujahre oder älter, mit neuen Aufbauten versehen wurden. Neben der bekannten Qualität zeichneten sich die Geraer Aufbauten durch elegante Linienführung und besonders komfortable Bestuhlung aus. Fritz Fleischer war ein Verfechter guten Sitzkomforts. Zudem war er äußerst innovativ. 1954 lieferte man die ersten Omnibusaufbauten in Ganzstahlbauweise, vier Jahre später entstand das, was ihn letztlich von allen anderen noch in bescheidener Anzahl in der DDR tätigen Privatbetrieben unterschied, der erste selbsttragende Omnibus. Im Jahr 1958 drängte man Fritz Fleischer seitens der

Ein wunderschöner Bus mit prosaischem Namen. Mehr als »Fleischer S 2« war ihm nicht vergönnt.

Behörden zur Aufnahme staatlicher Beteiligung. Dem konnte er sich nicht lange verschließen. In der Fritz Fleischer Karosserie- und Fahrzeugfabrik KG blieb er aber weiterhin Herr im Hause.

Hauptproblem wurde nicht nur der Materialbezug, der zum Bau von vollständigen Omnibussen notwendig war, sondern vielmehr die technische Basis. Für das erste Modell, den 34-sitzigen »S 1« (»S« für selbsttragend), verwendete man einen luftgekühlten Vierzylinder-Dieselmotor aus dem Motorenwerk Schönebeck sowie Achsen vom Sachsenring S 4000. Der Motor lag im Heck. Das ebenso eingekaufte Fünfgang-Getriebe musste auf Fernschaltung umgerüstet werden. Aber man konnte keine Lieferverträge über die notwendigen Komponenten mit den volkseigenen Fahrzeugwerken abschließen, da diese selbst am Limit produzierten und ihre Planvorgaben zu erfüllen hatten. Als privater Omnibusbauer fand Fleischer zudem keine Berücksichtigung bei der Staatlichen Plankommission. So konnten innerhalb von drei Jahren gerade einmal 11 Exemplare entstehen. 1960, kurz nach dem S 1, hatte Fleischer

noch einen größeren, bis zu 58 Personen fassenden Bus nach gleichem »Strickmuster« auf die Beine gestellt. Der »S 2« baute auf Baugruppen des Werdauer H6-Busses. Speziell für die Berliner BVG baute man 1961/62 auch noch einige solcher Wagen als Linienbusse unter der Bezeichnung »S 3«. Als einflussreicher Verkehrsbetrieb konnte die BVG auch die notwendigen Aggregate beschaffen und zur Verfügung stellen. In größerem Maßstab und allgemein gelang dies jedoch nicht. Einerseits war der Staat nicht in der Lage, für ausreichende Versorgung mit Omnibussen einzustehen, und war froh, dass private Betriebe wie Fleischer die Not nicht nur linderten, sondern auch noch Produkte lieferten, die im Standard denen der volkseigenen Industrie überlegen waren. Anderseits betrachtete man die kleinen »Kapitalisten« im eigenen Land mit Argwohn. So wurde Fleischer von 1963 bis 1965 verpflichtet, im großen Stile Röntgenwagenaufbauten für die

Gut zugänglich für Wartungsarbeiten werkelte im Heck ein Sechszylinder-Diesel aus dem Schönebecker Baukasten.

Sowjetunion zu fertigen, so dass in dieser Zeit der Omnibusbau ruhen musste. Währenddessen unterband man durch Änderung der Zulassungsbestimmungen den sogenannten »Neuaufbau« von Kraftfahrzeugen. Mangel an Neufahrzeugen hatte verstärkt dazu geführt, dass man aus Ersatzteilen komplette Fahrzeuge baute und damit die Ersatzteilversorgung belastete. Darunter fiel auch Fleischer, der für seine Busse keinen staatlichen Auftrag zum Bau hatte.

Schöner wurde es nicht: Dem ursprünglichen Logo der »Fritz Fleischer KG« war nichts hinzuzufügen. Der neue Schriftzug »KBG« wies auf den »VEB Karosseriebau Gera« hin.

Von den Bussen, die bei Fritz Fleischer anfänglich auf verschlissenen Fahrgestellen aus der Vorkriegszeit aufgebaut wurden, hat nur ein Exemplar überlebt. Formal lässt sich schon eine Verwandtschaft zum später erschienenen »S 2« erkennen.

Doch Fleischer wusste sich darauf einzustellen und umging diese Regelung unter dem im gleichen Gesetz aufgeführten »Reparatur-Umbau«. Danach war es möglich, bei Außerbetriebsetzung eines alten Fahrzeugs eine Umbaugenehmigung zu erhalten und dann unter Zuhilfenahme von Neu- oder regenerierten Teilen einen neuen Bus zu erhalten. Es musste nur ein altes Teil verwendet werden, war es auch noch so nebensächlicher Natur. Als S 2 RU (»RU« für »Reparatur-Umbau«) erschien der neue »große« Fleischer 1965 und löste mit modernen glatten Flächen die zuvor barocke Busform ab. Basis des S 2 RU waren wiederum die Baugruppen des H 6 B, die jeder Auftraggeber bei Vertragsschluss anzuliefern hatte. Auf abenteuerliche Weise entstanden so in den folgenden Jahren Busse, für die ihre Besitzer nicht nur Material bereitstellten, sondern oftmals selbst mit Hand anlegen mussten. Wegen der großen Nachfrage und den begrenzten Möglichkeiten in Gera entstanden die Busse sogar teilweise oder ganz beim Omnibusunternehmer oder wurden Aufträge wie der Fahrgestellbau an andere Betriebe abgegeben.

Im Zuge der letzten allgemeinen Verstaatlichungswelle der DDR wurde Fritz Fleischer 1972 endgültig das Zepter aus der Hand genommen, wenig später wurde er in den Ruhestand geschickt.

Generationswechsel: Der »kleine Fleischer S 4« basierte bereits auf Baugruppen vom Ludwigsfelder W 50.

Dem internationalen Trend folgend, wurde die nächste Generation schon deutlich kantiger, verfügte aber bis zum Produktionsende über eine angenehme Formensprache.

Durch seine geschickte Zweifarblackierung wirkte der »S5« deutlich gestreckter als seine ungarischen Zeitgenossen.

Schöne neue Welt: So könnte es zu DDR-Zeiten vor einem FDGB-Ferienheim ausgesehen haben. Elegante Busse bringen glückliche Werktätige in ihre Urlaubsquartiere. Nun ja, zuweilen sah die Realität etwas anders aus.

Kleintransporter aus Sachsen

Framo: Der Handwerkertraum

Wovor die Hainichener Framo-Werke selbst im Krieg bewahrt geblieben waren, das hatte die Besatzungsmacht unmittelbar nach Kriegsende geschafft: den Rückfall ins totale Nichts. Zwar sah die SMAD von einer Zerstörung der Betriebsgebäude ab. Sämtliches Inventar war jedoch abtransportiert worden, so dass die kläglichen Reste der Belegschaft auf dem untersten Level neu beginnen mussten. Neben der Herstellung primitiver Gebrauchsartikel brachte der Bau von Gespannwagen Verbindungen zu landwirtschaftlichen Betrieben, die nach und nach ihre Maschinen wieder in Gang bringen wollten und solche Reparaturaufträge den Framo-Werken übertrugen. Im Tausch dafür gab es nicht selten Naturalien statt der ohnehin kaum noch kompensierbaren Reichsmark. Im April 1948 erhielt Framo den Status eines volkseigenen Betriebes. Allein aus dem einstigen Tun heraus gliederte man das Werk der IFA an, die natürlich großes Bemühen zeigte, hier wieder den Bau von Kleintransportern zu forcieren.

Erwartungsgemäß setze Framo auf das kurz vor dem Krieg erschienene Modell V 501. Um den noch im Krieg eingeführten eigenen Zweizylinder-Doppelkolbenmotor wieder auflegen zu können, machten sich gute Beziehungen zu den erzgebirgischen Gießereien bezahlt. Ohne sie

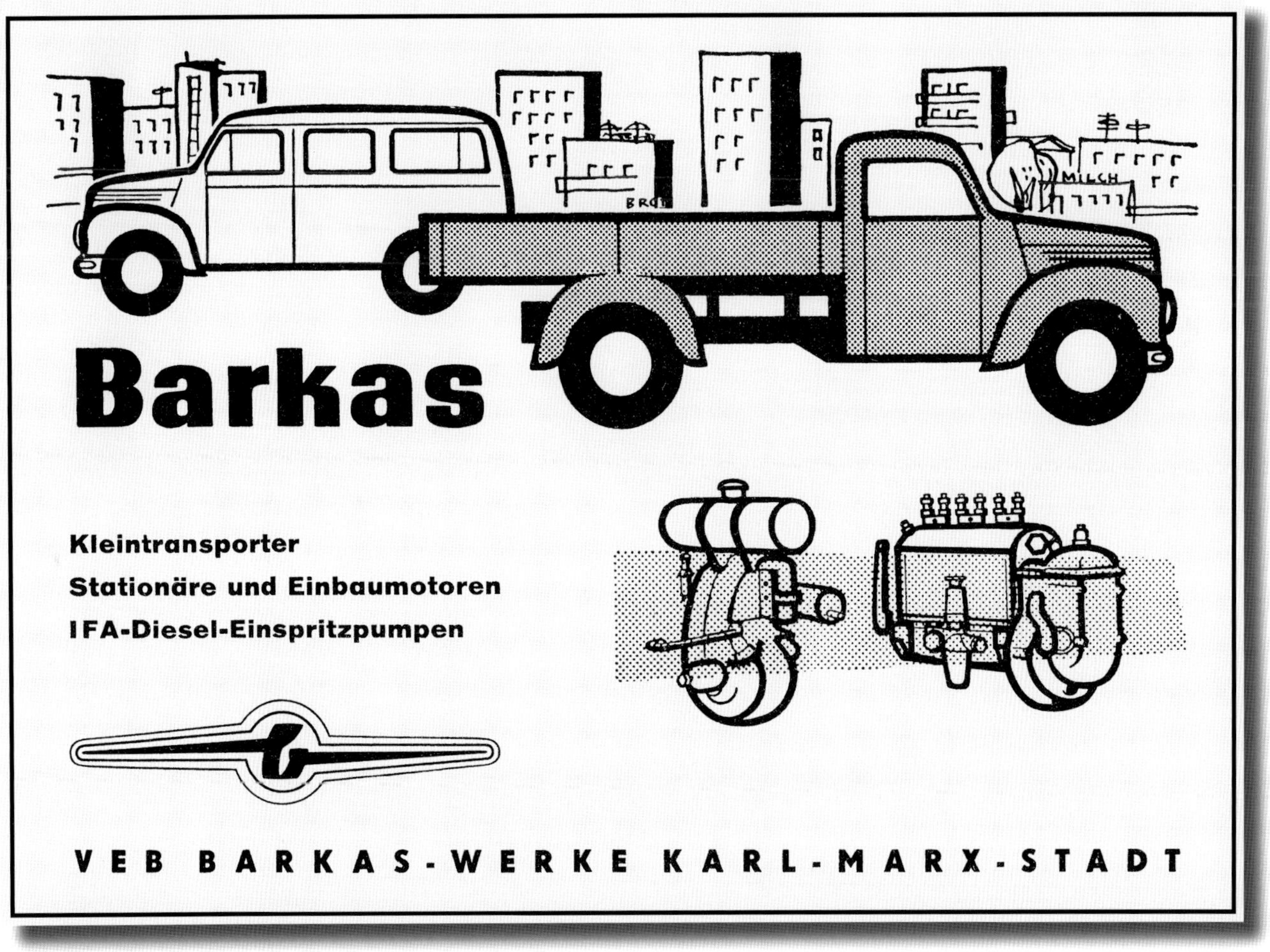

Kraftfahrzeug-
technik
barkas
TK-01-10
2
7. Jahrgang
Februar 1957
VEB VERLAG TECHNIK · BERLIN W 8 · UNTER DEN LINDEN 12
Postverlagsort für DDR Dresden, für DBR Berlin · Heftpreis 1,– DM · Seiten 41–80

wäre ein Wiederanlaufen der Fertigung unmöglich gewesen. An DKW-Motorenlieferungen aus Chemnitz war vorerst nicht zu denken. Doch genau diese strebte man an. Mit dem hubraumstärkeren Dreizylinder-Motor des F 9, der mittlerweile in Serie ging, verfügte die IFA über ein geeignetes Triebwerk, das in großer Serie nicht nur effizienter, sondern auch einfacher herzustellen war. Dazu aber waren nennenswerte Stückzahlen vonnöten, um gleichermaßen die Zwickauer wie auch Hainichener Bänder versorgen zu können. 1951 war es endlich so weit. Auf 24 PS gedrosselt, wurde der 900-cm³-DKW-Motor zur neuen Antriebsquelle für den kleinen Dreivierteltonner. Wie gewohnt auf dem Hubraum des Motors basierend, änderte man die Modellbezeichnung bei Framo in V 901. Angestrebte Modifikationen an der Transporterkonstruktion standen zunächst für das neue Triebwerk zurück, wurden aber bald in Angriff genommen. Die trotz der ansprechenden Haubenform inzwischen antiquiert wirkenden Aufbauscheinwerfer wichen 1954 moderneren Kotflügeln mit integrierter Beleuchtung. Außerdem verbreiterte man das Fahrerhaus und wollte einige technische Verbesserungen in die Serie übernehmen. Bis dahin ließ man den Framo unter der Modellbezeichnung V 901/2 Z laufen. Das »Z« stand für Zwischenmodell, ein Zustand, der immerhin zwei Jahre andauern sollte, bis 1956 der V 901/2 die mittelfristige Modellplanung abschloss. Mit der Produktionsverlagerung des IFA F9 von Zwickau nach Eisenach hatte man auch den Motorenbau von Karl-Marx-Stadt nach Thüringen verlagert. Die dortigen Arbeiten zur Verbesserung der Leistungsausbeute kamen – wenn auch weiterhin in gedrosselter Ausführung – künftig auch den Framo-Transportern zugute. Im Framo V 901/2 leistete der 900er Wartburg-Motor nun 28 PS. Dies nahm man zum Anlass, die Nutzlast von 750 auf 800 kg anzuheben.

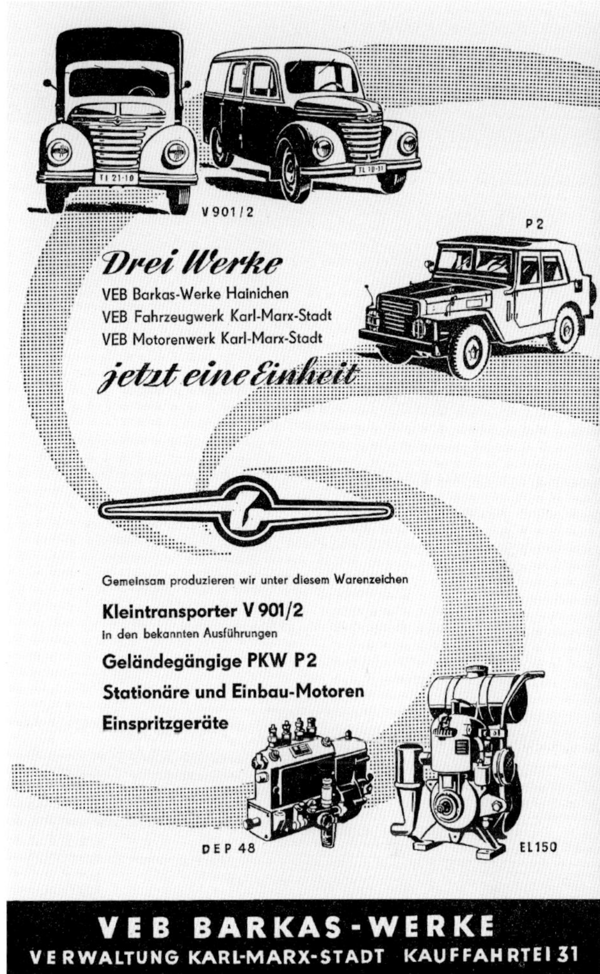

Trotz aller Retuschen war auch in Hainichen langsam eine neue Transporter-Generation fällig. Doch zunächst galt es die Stückzahlen zu steigern. Im Zuge der allgemeinen Verabschiedung von den Traditionsmarken, die sich Mitte der fünfziger Jahre durch alle Automobilwerke der DDR zog, änderte man die Firmierung 1957 in VEB Barkas-Werke. Um die Transporterfertigung bei Barkas auf ein breiteres Fundament zu stellen, bedurfte es – abgesehen von den Motorenlieferungen aus Eisenach – auch größerer Kapazitäten am Standort. Da dies allein durch Neubauten, die sich nur sehr begrenzt reali-

sieren ließen, nicht zu erreichen war, ordnete man ein Jahr später den VEB Barkas-Werken das VEB Motorenwerk Karl-Marx-Stadt und das VEB Fahrzeugwerk Karl-Marx-Stadt zu. Vom Zusammenschluss mit dem Hauptsitz in Karl-Marx-Stadt versprach sich die IFA höhere Fertigungsziffern sowohl im Transporter- als auch im dringend notwendigen Motorenbereich, wo ja die Zweizylinder-Aggregate für das in Zwickau geplante Volksauto »Trabant« vom Band liefen. Die in Frankenberg ansässigen Hunger Fahrzeugwerke KG vervollständigten nach der spektakulären Westflucht ihres Besitzers später noch das Barkas-Konstrukt.

Wie einst im Mai: So prägten die Kleintransporter aus Hainichen das ostdeutsche Straßenbild. Nur das aktuelle Nummernschild lässt auf ein Aufnahmedatum im Hier und Jetzt schließen.

Kraftfahrzeug-
technik
AE 06-23
VEB VERLAG TECHNIK · BERLIN
VT
11
7. Jahrgang
November 1957 · Seiten 405–444 · Postverlagsort für … Dresden, für DBR Berlin … Heftpreis 1,– DM

Vielseitig: Für so ziemlich jeden Einsatzzweck gab es einen Spezialaufbau für den Framo, der eigentlich schon Barkas hieß.

Deutsche Post

PREIS
MARK
GEZAPFT
LITER
Super verbleit
VEB GETRÄNKEKOMBINAT
NEUBRANDENBURG
BT NEUSTRELITZ

Z 0774
D

BARKAS-WERKE HAINICHEN
HAINICHEN (SACHS.)
Z V 101

Kraftfahrzeug-
technik
RWERKSTATT
VEB
FAHRZEUG- UND GERÄTEWERK
SIMSON SUHL
KUNDENDIENST
VEB VERLAG TECHNIK · BERLIN
VT
7
7. Jahrgang · Juli 1957 · Seiten 245–284
Heftpreis 1,– DM
Postverlagsort für DDR Dresden, für DBR Berlin

Obwohl der DDR-Alltag nicht unbedingt vom Service-Gedanken durchdrungen war, gab es doch diverse Kundendienstfahrzeuge.

Glücksgriff: Nur wenige der Framo-Kleinbusse haben überlebt. Die meisten der noch in klassischer Gemischtbauweise hergestellten Aufbauten sind im Laufe der Jahre einfach weggefault. Da kann man wirklich von Glück reden, wenn man noch ein restaurierwürdiges Exemplar findet.

Kraftfahrzeug-technik

VEB VERLAG TECHNIK BERLIN

KLEINTRANSPORTER
FUR VIELSEITIGE VERWENDUNG

Postverlagsort für DDR Dresden · für DBR Berlin · 10. Jahrgang · Juli 1960 · Seiten 249-296 · Heftpreis 1,– DM 7/60

Barkas: Der schnelle Sachse

Im Dezember 1954 erhielten die Hainichener Framo-Werke den offiziellen Auftrag zur Entwicklung einer neuen Transportergeneration. Diese sollte in naher Zukunft die gerade noch durch Detailverbesserungen gepflegte Baureihe V 901/2 ablösen. Unter dem Entwicklungscode »L 1« schwebte der IFA ein Kleinlastwagen mit auf eine Tonne vergrößerter Nutzlast vor, der sich durch grundlegende Parameter von seinem Vorgänger unterscheiden sollte. Dies waren vor allem eine selbsttragende Bauweise und der Frontantrieb. Weiterhin sah die ursprüngliche Planung vor, auf einen Viertaktmotor umzustellen, dabei möglichst mit vier Zylindern. Man dachte unter anderem über eine verbesserte Neuauflage des einst von Wanderer produzierten Vierzylinders nach, und schließlich unterstützte das FEW den Plan, eine Vierzylinder-Zweitakt-Maschine in V-Anordnung zu entwickeln, die sich aus dem Trabant-Motor ableiten lassen sollte. Anfang 1956 wurden erste Funktionsmuster erwartet. In der Zwischenzeit sollte der neue Framo-Typ noch mit dem bekannten Dreizylinder-Motor ausgerüstet werden. Nicht abreißende Schwierigkeiten bei der Entwicklung und die Tatsache, dass ein spezieller Motor für die Lieferwagenfertigung unrentabel war, Eisenach jedoch die Einführung des V-Motors in den Wartburg ablehnte, verzögerten die Arbeiten und führten, mittlerweile im Sommer 1958 angekommen, zum späten Abbruch des Vorhabens.

Aber auch die Transporterentwicklung an sich verlief nicht so reibungslos, wie vorher gedacht. Mit einer rahmenlosen Ganzstahlausführung der Karosserie in Schalenbauweise hatte man noch keine Erfahrungen. Zudem wurden die theoretisch ermittelten Fahrleistungen des Frontantriebs in Fahrversuchen den herkömmlich mit Hinterachsantrieb ausgestatteten Framo-Modellen sowie einem Vergleichsfahrzeug von Ford gegenübergestellt und letztlich bestätigt. Waren diese Hürden gemeistert, fehlte es an den Räumen und Einrichtungen, die neue Ganzstahlkarosse des mittlerweile in Barkas umbenannten Transporterherstellers auch fertigen zu können. Dazu mussten im einstigen VEB Fahrzeugwerk Karl-Marx-Stadt die Fertigungsräume des Kübelwagens P 2 leergeräumt werden, um eine neue Schweißlinie für die Transporterkarosserien einzurichten.

Folgeerscheinung: Ende 1961 machte auch die KFT mit der Vorstellung des neuen Kleintransporters auf. Zum Zeitpunkt seines Erscheinens konnte er durchaus international mithalten, was sich aber in den folgenden 30 Jahren gravierend ändern sollte.

Prototyp: Bereits im zweiten Produktionsjahr machte man sich Gedanken, wie der B 1000 als Kleinlöschfahrzeug einzusetzen sei. So entstand in der Abteilung Technik der Dresdner Feuerwehr ein voll ausgerüstetes Funktionsmuster. Und so unglaublich das klingen mag, hat eben dieses Fahrzeug überlebt und ist in der Sammlung des »Sächsischen Feuerwehrmuseums Riesa« zu bewundern.

Durch die verstrichene Zeit blieb bei Abbruch der Motorenentwicklung nichts anderes mehr übrig, als auch weiterhin auf den Dreizylinder-Zweitakter zu bauen. Die Eisenacher allerdings waren nur schwer zu motivieren, noch Entwicklungsarbeit in dieses Triebwerk zu investieren. Auch wollte man das Wartburg-Getriebe für den Transporter nutzen, musste aber einsehen, dass doch eine Neukonstruktion notwendig wurde.

Im August 1961 kam es endlich zum Serienanlauf des neuen Barkas B 1000. Die ersten Wagen wurden noch mit dem 900er Wartburg-Motor ausgerüstet, bis dann auch hier das neue 1000-cm³-Triebwerk zum Tragen kam. Allerdings war es gegenüber dem Wartburg auf 42 PS gedrosselt. Abgesehen von dem Mehr an Zeit, das bei dem geringen Stamm an Fachpersonal nun einmal gebraucht wurde, konnte sich das Ergebnis sehen lassen. Internationalen Vergleichsmodellen stand der B 1000 weder optisch noch technisch nach. Im Vergleich zum Vorgänger V 901/2 hatten die Barkas-Werker einen Quantensprung geschafft, wenngleich, wie im Personenwagenbau der DDR allgemein, sein größter Nachteil die Motorisierung war. Und die sollte es – ebenfalls wie bei den Pkws – für geraume Zeit bleiben, denn auch hier änderte sich die kommenden fast drei Jahrzehnte nichts Wesentliches mehr. Wie allgemein üblich, verbesserte man den Barkas von Jahr zu Jahr, ohne wirklich in der Entwicklung voran zu kommen. Ab 1972 erhielt der Transporter in Vereinheitlichung mit dem Eisenacher Motorenlieferant nun auch das 353-er Wartburg-Aggregat. Dieses war erneut gedrosselt und leistete im Barkas 45 PS. 1987 gelang es beim Kastenwagen noch, die seitliche Klapptür hinter dem Beifahrer durch eine Schiebetür zu ersetzen. Aber zu jenem Zeitpunkt war mit dem Barkas im Export längst kein »Staat mehr zu machen«. In der DDR dagegen erfreute er sich ungebrochenen Interesses, denn das, was in geringem Maße in dieser Klasse aus Polen, Rumänien oder der UdSSR eingeführt wurde, konnte noch weniger befriedigen.

Der Zusammenschluss der Hainichener Framo-

Offensichtlich war man mit dem neuen Barkas dermaßen zufrieden, dass er 1962 schon wieder den Titel der KFT zierte.

Kraftfahrzeug-
technik
B 1000
Schnelltransporter
BARKAS B 1000

Zeitgemäß: Gut kann man in dieser strikten Seitenansicht die gelungene Linienführung des B 1000 erkennen. In den sechziger Jahren konnte er im internationalen Wettbewerb gut mithalten. Gar nicht auszudenken, wenn er auch noch einen vernünftigen Motor gehabt hätte…

Werke und des Motorenwerks Karl-Marx-Stadt führte von Anfang an zu einer Art »Gemischtwarenladen«. Einerseits hing als wichtiger Motorenlieferant von den Barkas-Werken die Großserienfertigung des Kleinwagens Trabant in Zwickau ab, andererseits musste man für den eigenen Transporterbau die Motoren aus Eisenach kommen lassen. Daneben versorgte man wiederum alle Dieselmotorenhersteller der DDR mit den nötigen Einspritzpumpen. Und doch war man in erster Linie Hersteller der gleichnamigen Transporter. Mit Anlauf der neuen Viertaktmotoren war Barkas dazu auserkoren worden, als Finalhersteller zu fungieren. Mit diesem Schritt trat der seit Jahren vernachlässigte B 1000 weiter in den Hintergrund, obwohl die Binnenwirtschaft auf ihn noch längst nicht verzichten konnte.

Mit Umstieg der Personenwagen in Zwickau und Eisenach auf den neuen Viertakter von VW starb auch für den Barkas die Kraftquelle. Es wäre Frevel gewesen, hätte sich Barkas mit der Fertigung der neuen Motoren im eigenen Haus nicht helfen können! Zwangsläufig wurde der neue Vierzylinder auch für den Einbau in den fast drei Jahrzehnte alten Barkas-Transporter vorgesehen. Anders als bei den Pkw konnte der Motor im Barkas längs eingebaut werden. Als man den neuen Barkas B 1000-1 zur Viertakt-Premiere auf der Herbstmesse 1989 zeigte, war anhand der Ausstellungsmuster davon auszugehen, dass es für den Veteranen wenigstens zum neuen Motor auch ein Facelift geben würde. Doch selbst das neue Bugteil mit einem lächerlichen, aufgesetzten Kunststoffformteil ließ sich für den Anlauf der Fertigung nicht mehr durchsetzen. So ging der B 1000-1 äußerlich unverändert, jedoch an der fehlenden Zweitaktfahne zu erkennen, in Serie. Als diese 1990 anlief, lag die DDR jedoch schon in den letzten Zügen.

Dauerbrenner: Ob nun mit einer Tupolew Tu-104 oder einem Bagger im Hintergrund, lange Jahre zierte der B 1000 die KFT-Titel.

Methusalem: Noch heute ist dieser B 1000 täglich zum Wohle der Urlauber im Ostseebad Ahrenshoop im Einsatz.

Kosmetik: Was wurde nicht alles verbessert – mal neue Stoßstangen oder Blinklichter, dann wieder neue Rückspiegel und Türklinken – nur an ein neues Herz wollte und konnte man nicht ran.

TO AB 77H

Feuerwehr
112

Staatsdiener: Verkehrskontrollen, Feuerwehreinsätze, Unfallaufnahmen und Krankentransporte wären ohne den Barkas kaum möglich gewesen. Und wenn dann dem DDR-Bürger das letzte Stündchen geschlagen hatte, konnte man sicher sein, dass ein B 1000 die letzte Tour übernahm.

RFF 9-58

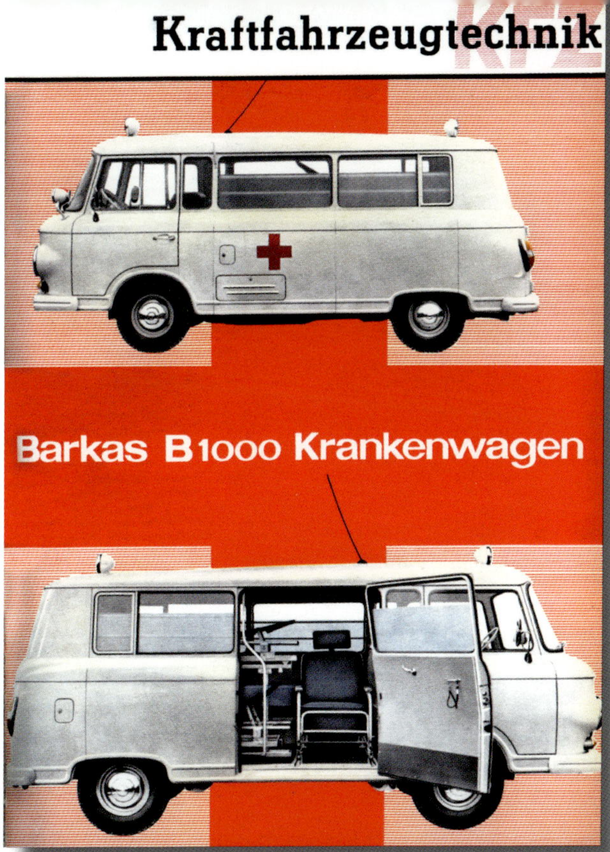
Kraftfahrzeugtechnik
KFZ
Barkas B1000 Krankenwagen

QLB 0700

Einer für alles: Da es in seiner Klasse keine Alternativen gab, musste der Barkas auch für so ziemlich alle Einsatzgebiete herhalten. Pritschen- und Kofferaufbauten waren Standard, ungezählt sind die Varianten, die in Eigenregie entstanden.

Gnadenlos: Nein, geschont hat man ihn keinesfalls. Selbst mit einer dritten Achse wurde er versehen, um zu erledigen, was eben so zu erledigen war. Es gab ihn sogar als Sattelschlepper, und das alles mit dem Motörchen! Ganz Pfiffige pflanzten ihm auch schon mal eine Maschine vom Lada ein, aber das Gelbe vom Ei war das auch nicht.

Postmann: Auch die Deutsche Post kam ohne den Kleintransporter aus Frankenberg nicht aus. Hier ein Bus der »Studiotechnik Fernsehen«, die auch der Post unterstand.

Nothelfer: Für einen Einsatz mit intensiver Notarztversorgung war das Platzangebot im B-1000-Bus recht dürftig. Um dem abzuhelfen, wurde die SMH-3 (Schnelle Medizinische Hilfe) entwickelt. Der Aufbau wurde im VEB Plastbootskörper Parkentin gefertigt, die medizinische Ausrüstung lieferte der VEB MLW Labortechnik Ilmenau.

Zu spät: Als er dann 1990 endlich auf den Markt kam, der B 1000-1, mit dem langersehnten und so dringend benötigten 4-Takt-Motor, hatte die DDR bereits das Gröbste hinter sich. Der Markt war offen und die Barkas-Werke wurden abgewickelt.

Die Luftgekühlten aus Zittau

Granit und Garant: Die Hauber

Ein erster Großauftrag über 1000 Stationärmotore für Russland war für das demontierte Phänomen-Werk in Zittau schon die halbe Miete auf dem Weg zur Wiederaufnahme der Lastwagenfertigung. Dazu mussten allerdings zunächst einmal die im Rahmen der Reparationsleistungen demontierten Fertigungslinien wieder aufgebaut werden. Mit viel Enthusiasmus gelang das auch relativ schnell. Bereits am 1. Juli 1948 wurde Phänomen in die IFA integriert, auch ein Zeichen dafür, dass man den traditionsreichen Standort der Automobilindustrie trotz aller Widrigkeiten nicht einfach aufgeben wollte. Trotz größter Anstrengungen sollte es aber noch bis zum 27. Januar 1950 dauern, bis die ersten, mit Girlanden geschmückten Phänomen-Lastwagen das Werkstor inmitten Zittaus verlassen konnten.

Um den Ausfall wichtiger Zulieferer auszugleichen, war eine hohe Fertigungstiefe vonnöten. Auch hatte sich die Struktur des Werkes verändert. Um den Bau von Fahrerhäusern absichern zu können, bekam das IFA-Werk Phänomen Zittau 1951 die Betriebsstätte des ehemaligen Karosseriewerks August Nowack AG in Bautzen zugeschlagen, das vor dem Krieg ein wichtiger Lieferant für Aufbauten war. 1953 kam der ehemalige Motorenbauer Steudel (inzwischen VEB Motorenwerk Kamenz) noch dazu. Phänomen war und blieb auch weiter für lange Zeit einer der letzten kleinen Kraftfahrzeughersteller, die vom Fahrgestell über Motor bis zum Aufbau alles in eigenem Hause bewältigten.

Kernstück des Granit 27 war sein 50 PS leistender Vierzylinder-Ottomotor mit der für Phänomen bekannten Luftkühlung. An letzterer sollte sich auch nichts ändern, am Kraftstoff fressenden Benzin-Motor schon. Zum einen war erklärtes Ziel, die Leistung des Ottomotors zu steigern, zum anderen arbeitete die Konstruktionsabteilung mit Nachdruck an der Einführung der kriegsbedingt 1944 abgebrochenen Dieselmotorentwicklung. Dabei gelang es, als man 1953 sowohl den auf 3 Liter Hubraum vergrößerten Benziner als auch den neuen Dieselmotor in die Serie überführen konnte, weitgehende Baugleichheit zwischen beiden zu erzielen. Da die noch junge DDR geländegängige Lastwagen für den Aufbau einer Kasernierten Volkspolizei brauchte, nach wie vor von der Armee aber Ottomotoren bevorzugt

Nur äußerst selten zierte der Granit 27 die Titel der Fachzeitungen. Auch zeitgenössische Anzeigen sind kaum bekannt.

Beim Garant sah der Fall dann schon anders aus.

wurden, war klar, dass man bei Phänomen beide Triebwerksvarianten nebeneinander anbieten würde. Entsprechend ihrem Hubraum lautete die Typenbezeichnung des 55 PS starken Benziners Granit 30 k und des 52 PS starken Diesels Granit 32, die im übrigen auch weiterhin als Einbau- oder Stationärmotore in einem Baukastenprogramm vom Ein- bis zum Vierzylinder angeboten wurden. Das »k« in der Modellbezeichnung der Vergaservariante war zur Unterscheidung eines bereits vor dem Krieg angebotenen Granit 30 gewählt worden und deutete auf die Umstellung des Triebwerks auf Kopfsteuerung hin.

Speziell für den Aufbau einer Armee in der DDR, die zunächst noch ohne allgemeine Wehrpflicht als Kasernierte Volkspolizei (KVP) ihren Anfang nahm, war 1952 eine Ausschreibung für Kübelwagen gestartet worden, an der neben BMW in Eisenach und dem Werk Horch auch Phänomen beteiligt wurde. Mit einem speziell dafür modifizierten Wagen auf Basis des Granit 27 konnte Phänomen den Wettbewerb für sich entscheiden. Der Granit 27 D/Zg (»Dienst- und Zugfahrzeug«) erhielt als augenfälligste Merkmale einen kürzeren Radstand wie auch einen offenen Aufbau. Natürlich verfügte er über den vom Wehrmachts-Modell her bekannten Allradantrieb. Der einst schon erfolgreich im Krieg eingesetzte Allradwagen konnte mit seinen Geländeeigenschaften auch die neuen Militärs für sich gewinnen, so dass hauptsächlich für die KVP ab 1952 der geländegängige Granit als Modell 27 A wieder im Programm war.

1955 – Phänomen baute inzwischen mehr als doppelt so viele Lastwagen wie vor dem Krieg – standen nun auch optische Retuschen auf dem Programm. Der Granit erhielt eine überarbeitete Frontgestaltung mit integrierten Scheinwerfern und horizontalen Zierleisten. Wenngleich das Fahrerhaus noch immer recht primitiv wirkte, werteten diese Maßnahmen den sonst sehr hochbeinig daherkommenden Zweitonner in seiner Erscheinung wesentlich auf. Auch hinsichtlich der Aufbauvielfalt hatte sich in den letzten Jahren vieles getan. Die Wahl zweier Motoren, zweier Radstände und die Möglichkeit des Allradantriebs ließen zusammen mit einem umfangreichen Aufbauprogramm über einhundert Liefervarianten zu. Zur gleichen Zeit jedoch sahen sich die Zittauer einer Klage der einstigen Inhaberfamilie gegenüber, die nach ihrer Westflucht ungern der weiteren Verwendung ihres Know-hows durch den ihnen genommenen Betrieb zusehen woll-

Die meisten Granit K 27 haben in den verschiedensten Varianten bei Freiwilligen Feuerwehren die Zeiten überdauert. Zivile Fahrzeuge wie dieser Pritschenwagen sind absolute Raritäten.

ten. Zugleich wollte man die weitere Verwendung des Markennamens Granit unterbinden. Daraufhin änderte das IFA-Werk im Laufe des Jahres 1956 nicht nur die Typenbezeichnung von Granit in Garant, sondern zu Jahresbeginn 1957 auch gleich die Firmierung in VEB Robur-Werke Zittau. Wie in vielen ähnlichen Fällen in der DDR wollte man schnell einen neuen Namen finden, der keine Verbindung mehr zur Vorgeschichte hatte. Robur kommt aus dem Lateinischen und bedeutet so viel wie »Steineiche«. Die neue Marke sollte wörtlich Kraft und Robustheit ihrer Produkte im Namen tragen.

Unzählige Kühlrippen an der Vierzylinder-Maschine sorgten für ausreichende Kühlung.

Jagdwagen: Für die bewaffneten Organe baute man in Zittau dieses Dienst- und Zugfahrzeug (Granit 27 D/ZG). Es verfügte über einen verkürzten Radstand, Allradantrieb und ein offenes Fahrerhaus mit Segeltuchverdeck.

Verwandlungskünstler: Trotz der alten Motorhaube vom Granit trägt dieses Zughilfsfahrzeug schon die Bezeichnung Garant 30 Z. Nach seiner Außerdienststellung bei der Kasernierten Volkspolizei kam er bei der Freiwilligen Feuerwehr Gahlenz zum Einsatz.

Bodenständig: Weit herumgekommen ist dieser Granit 27 nicht. 1953 wurde dieses LF-TS 8 an den Kreis Riesa übergeben, und heute gehört es dem Sächsischen Feuerwehrmuseum in Zeithain. Dort wurde es natürlich auch restauriert.

Bettenburg: Gleich mit zwei Tragen war dieser Granit-Krankenwagen ausgestattet. Das Fahrzeug besaß eine serienmäßige Zusatzfederung, damit der Transport halbwegs erträglich wurde.

Deutsches Rotes Kreuz

Generationswechsel: Bei den beiden Traditionsfahrzeugen des DRK-Kreisverbands Jena-Eisenberg-Stadtroda lässt sich gut der Modellwechsel erkennen.

Langlebig: Zahlreiche Garant Pritschenwagen waren noch bis Ende der achtziger Jahre im Einsatz und werden bis heute gepflegt.

6
Juni 1957
Heftpreis 1,- DM
Kraftfahrzeug-technik
LASTKRAFTWAGEN
MIT LUFTGEKÜHLTEN MOTOREN
VOM VEB ROBUR-WERKE ZITTAU
VT
VEB VERLAG TECHNIK · BERLIN · Postverlagsort für DDR Dresden, für DBR Berlin · Seiten 205-244

Vielseitig: Ob nun als Mannschaftstransportfahrzeug bei der Feuerwehr oder als Kommunaldrehleiter, die Fahrzeuge aus Zittau waren unverwüstliche Arbeitstiere.

Die Werbung aus Zittau war pfiffig und strotzte vor Selbstbewusstsein.

Gelungener Auftritt: Nur wenige LF-TS 8 auf Garant-Basis wurden produziert, noch weniger sind erhalten.

Beliebt waren die robusten Zweitonner aus Zittau auch im sozialistischen Bruderland CSSR. Die dortige Fahrzeugindustrie, obwohl sehr leistungsfähig, hatte zunächst in dieser Leistungsklasse nichts vergleichbares anzubieten. Noch heute werden Garant und Robur in der Tschechei von Fans restauriert und erhalten, wie diese beiden seltenen Kastenwagen.

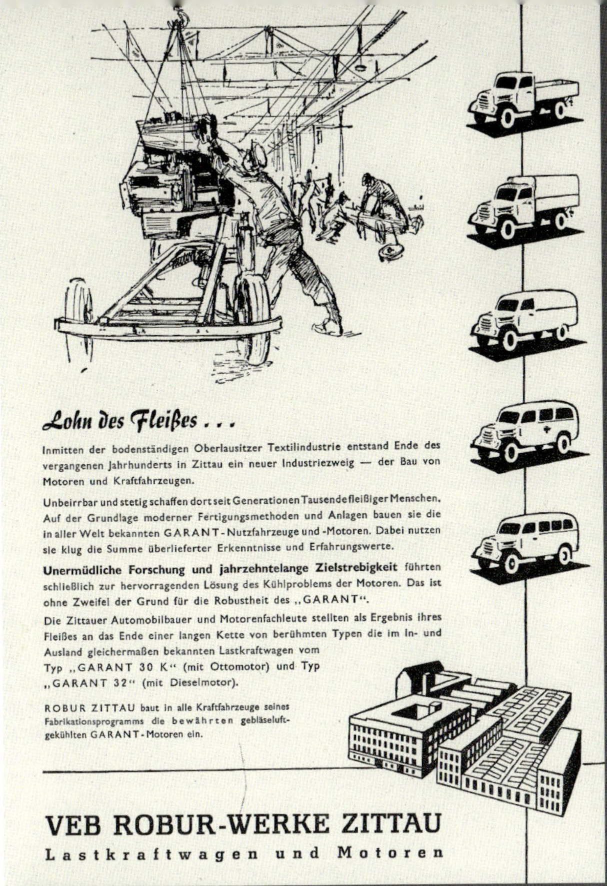

Speziell für den militärischen Einsatz gab es den Krankenwagen auch mit Allradantrieb und getrenntem Kofferaufbau.

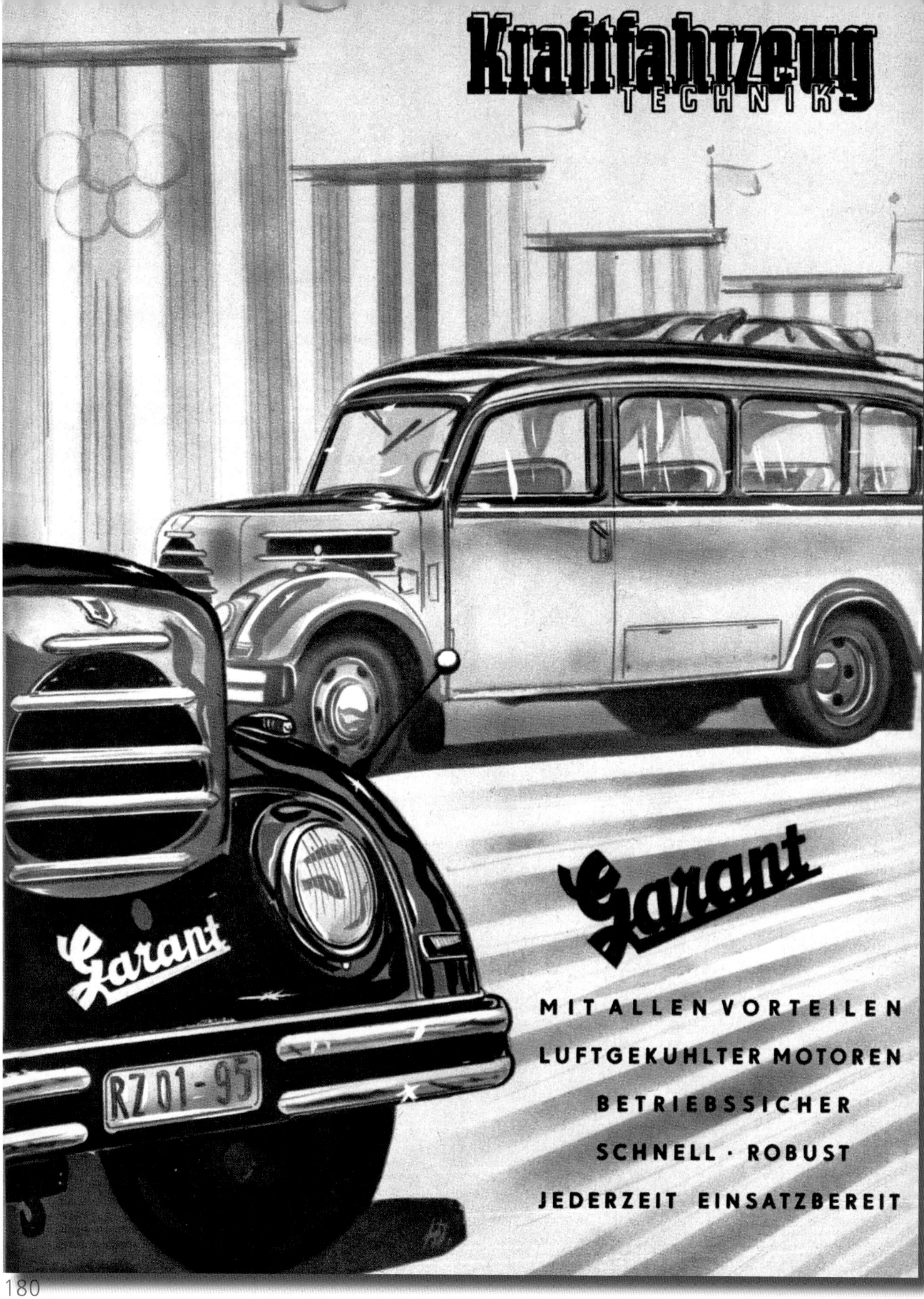
Kraftfahrzeug
TECHNIK
Garant
Garant
RZ 01-95
MIT ALLEN VORTEILEN
LUFTGEKUHLTER MOTOREN
BETRIEBSSICHER
SCHNELL · ROBUST
JEDERZEIT EINSATZBEREIT

Den Titel des Novemberheftes 1956 der »Kraftfahrzeug Technik« zierte eine sehr schöne Grafik des Robur Garant 30 K Omnibus. Die 18 Sitzplätze mussten für kleinere Gruppenreisen ausreichen. Leider haben nur wenige der formschönen Busse die Zeiten überdauert.

LO und LD: Die Frontlenker

Ähnlich schwer wie alle anderen DDR-Automobilwerke taten sich auch die Zittauer Robur-Werke mit der Ablösung ihrer noch aus Kriegszeiten herrührenden Modellgeneration. Dennoch gelang auch an diesem Standort der Wechsel zu einem neuen und zeitgemäßen Produkt – eine Leistung, die sich in der gesamten Branche und über das gesamte Bestehen der DDR dann nicht noch einmal wiederholen sollte! Schon 1955 hatte man begonnen, den Übergang vom Hauben- zum Frontlenker einzuleiten. Zunächst näherte man sich dieser Aufgabe beim Omnibus. Das Karosseriewerk Halle stellte ein erstes Funktionsmuster auf die Beine, das dann aber nur am Rande der Leipziger Messe gezeigt werden durfte. Das ursprüngliche Ziel, die überholte Rahmenbauweise zu verlassen, musste aber hinsichtlich der angestrebten Baugleichheit mit dem Lastwagen wieder fallen gelassen werden. Zudem hätten Möglichkeiten für den Bau selbsttragender Omnibuskarosserien weder bestanden, noch unter den vorgesehenen Stückzahlen rentabel durchgeführt werden können. Also arbeiteten die Ingenieure bei Robur gleichzeitig an der Umsetzung des Frontlenkerkonzepts beim Lkw. Die Lieferverpflichtungen an die Armee sorgten dafür, dass nicht der Omnibus, sondern der Allrad-Lastwagen 1960 den Übergang zur Frontlenkerbauweise markierte. Mit dem Robur LO 1800 A (»Lastwagen«, »Otto-Motor«, Nutzlast in kg, »Allradantrieb«) begann die neue Zeitrechnung, sowohl technisch als auch hinsichtlich der Typenbezeichnung. Ein Jahr später folgte vornehmlich für zivile Anwendung der hinterachsgetriebene LO 2500. Das Baukastenprinzip sah vor, dass auch die mit höherer Nutzlast ausgelegte Straßenversion wahlweise mit Allradantrieb lieferbar war. Gleiches betraf die Wahl des Dieselmotors (Modell »LD«), der im Frontlenker ab 1963 wieder eingesetzt wurde. Beide Triebwerke – Diesel wie

auch Benziner – wurden ständig verbessert. Dass man an der Luftkühlung festhielt, versteht sich von selbst. Auch die Variantenvielfalt an Aufbauten, die von geschlossenen Kastenaufbauten in Gemischtbauweise über den Armeekoffer und den Reisebus bis hin zur Drehleiter reichten, blieb ein Steckenpferd der Ostsachsen.

Modellverbesserungen in kleinen Schritten waren auch für Robur kennzeichnend. 1967 löste die Reihe LO/LD 1801/2501 die Vorgänger ab. Sie erhielten standardisierte Fahrerhäuser, die wegen angestrebter Exporte in Länder mit Linksverkehr problemlos den Einbau von Links- und Rechtssteuerung erlaubten. Weiterhin gab es eine Zweikreis-Bremsanlage, eine verstärkte Vorderachse und eine vereinfachte Frontmaske, die das bisherige »Haifischmaul«-Gesicht ablöste. Nutzlasterhöhungen und weiter leistungsverstärkte Triebwerke führten 1973 zur Reihe LO/LD 2002/3000. Zusätzlich entstanden ab 1983 Exportvarianten wie der LD 3002 oder der LD 2202 A.

Trotz aller Aktivitäten galt das Robur-Werk zunehmend als »Wackelkandidat«, dem sämtliche Weiterentwicklungen untersagt wurden. Das hatte mehrere Gründe. Zum einen stellte die Belegschaft von etwa 5.000 Mitgliedern jährlich nicht viel mehr als etwa die gleiche Anzahl Fahrzeuge her. Darüber hinaus zersplittert in viele kleine Betriebsteile, erschien das Werk unrentabel. Ausbleibende Investitionen, die diesen Zustand hätten ändern können, verschlimmerten die Situation nur weiter. Mittel blieben zum Teil aber auch deshalb aus, weil der Standort in einer Region mit starkem Kohlevorkommen lag und der Verödung preisgegeben wurde. Dem stand das nahe Berlin in Ludwigsfelde errichtete neue Lastwagenwerk gegenüber, in dem in großer Stückzahl der Lastwagen W 50 produziert wurde. In einer Zusammenführung, sei es nur zum Teil in Baugruppen oder auch gänzlich, sah man lange Zeit die Lösung des Problemfalls Robur. Letztlich blieben derartige Planspiele aber ohne greifbare Ergebnisse. Die letzte, 1980 abgebrochene Komplettentwicklung einer neuen Lastwagenbaureihe mit den Typen O 611 und D 609 gab immer wieder gehegten Hoffnungen den Gnadenstoß. Die neue Baureihe hätte nicht nur über ein neues Kippfahrerhaus verfügt, das sie sich mit dem W50-Nachfolger teilen sollte. Erstmals waren auch wassergekühlte Motoren als neue Triebwerke im Gespräch.

Spätestens nach Abbruch der neuen Robur-Entwicklung und dem klaren Bekenntnis des SED-Politbüros zum W50-Nachfolger in Ludwigsfelde war auch dem letzten Robur-Mitarbeiter Anfang der achtziger Jahre klar, dass man im Abseits stand. Der Automobilbau in der DDR konnte ohnehin als Stiefkind betrachtet werden, aber es ging eben auch noch eine Stufe tiefer. Ohne jegliche Mittel für die Reproduktion kämpfte sich Robur die kommenden Jahre durch die Planwirtschaft. Gleichzeitig verstärkte die Betriebsleitung ihre Exportaktivitäten – ein letzter »Strohhalm« in der Hoffnung, durch gute Exportergebnisse die Daseinsberechtigung zu untermauern und eine Trendwende herbeizuführen. Export galt immerhin als einer der wichtigsten Wirtschaftsfaktoren der DDR! Das Modellprogramm in seiner epischen Breite konnte man angesichts stagnierender Produktionszahlen ohnehin nicht permanent abdecken. So entschied man richtigerweise, sich auf spezielle Ausführungen zu konzentrieren, die sich aufgrund des Baukastensystems boten, und diese in möglichst großen Serien ins Ausland abzusetzen. So bewarb Robur beispielsweise ein »Safari«-Programm, mit dem man Drittländer auf die robusten und anspruchslosen Lastwagen aus Zittau aufmerksam machte, die in ihrer Ausstattung direkt auf deren Bedürfnisse abzielten. Auch die Gestaltung der Aufbauten spiegelt jene Entwicklung wider. Bemühte man sich in den sechziger Jahren noch, auf die relativ hochbeinigen Fahrgestellen formschöne Aufbauten für Busse und Kastenwagen zu setzen, so wurden diese (nebenbei bemerkt auch aufwendig herzustellenden) Karosserien in den achtziger Jahren von wesentlich pragmatischeren Formen verdrängt.

Gegen Ende der achtziger Jahre verschärfte sich die Lage bei Robur so weit, dass deren Generaldirektor in ungewohnt kritischer Weise sich an die Regierung wendete. Abgesehen von den technisch überholten Modellen waren Werkzeuge und Einrichtungen derart veraltet, dass man selbst Exportaufträge kaum noch zufriedenstellend abarbeiten konnte. Erschwerend kam hinzu,

ROBUR
ROBUR
LO 2500
TO 47-12
8,4 m²
3 t

ROBUR
DR 16-14

dass unter anderem auch die Sowjetunion als wichtiger Kunde inzwischen hatte erfahren müssen, dass notwendige Ersatzteillieferungen wegen der Schwierigkeiten in der Fahrzeugmontage kaum noch erfolgten. Damit zogen sich selbst osteuropäische Kunden schon zurück. Auch baulich war die letzten Jahre nichts mehr passiert, so dass zum Beispiel der Bautzener Betriebsteil kurz vor einer bauaufsichtlichen Sperrung stand. Kräfte und Moral der Belegschaft waren am Ende, und dennoch änderte sich an der Lage nichts.

Wenn man den Zittauer Lastwagenbauern etwas bestätigen konnte, dann Durchhaltevermögen ganz besonderer Natur. Sie hatten schon mehr als andere DDR-Automobilbauer in den letzten zwei Jahrzehnten um ihre Existenz bangen und kämpfen müssen. Dennoch kapitulierte die Belegschaft nicht. Im Oktober 1990 entschied man, künftig Einbaumotore von Klöckner-Humboldt-Deutz (KHD) zu beziehen. Der wirtschaftliche Erhalt des eigenen Motorbaus war inzwischen undiskutabel. Unter der Bezeichnung LD 3004 wurde aus dem einstigen Programm lediglich der Dreitonner-Standardtyp in aktualisierter Form weitergeführt. Obwohl es auch Ambitionen gab, den Zweitonnen-Armeetyp für Export oder zivile Interessenten weiter zu bauen, kam es von diesem zu keiner Neuauflage. Stattdessen musste mangels Nachfrage die Produktion des LD 3004 nach nur etwa 300 Exemplaren im September 1991 eingestellt werden. Nach diversen Versuchen, die Produktion ins Ausland zu verlagern, verkündete die Treuhandgesellschaft 1996 schließlich das Aus für das gebeutelte Werk in Zittau.

Haifischmaul: Als der Robur LO 2500 auf der Leipziger Frühjahrsmesse 1961 zum ersten Mal dem interessierten Publikum vorgestellt wurde, konnte er sich durchaus sehen lassen. Eine eigene, unverwechselbare Formensprache, die mit dem Barkas korrespondierte, verlieh dem Fahrzeugbau der DDR ein eigenständiges Erscheinungsbild.
Hier einer der wenigen im Urzustand restaurierten zivilen LOs.

ROBUR
lo 1800
RF 70-04

Überlebenskünstler: Der LO/LD 1800 A wurde eigens für die NVA und die Polizei entwickelt und gebaut. Später waren die unverwüstlichen Allradler ein verlässlicher Partner für die Kameraden der Feuerwehr. Teilweise trauert man ihnen noch heute nach.

Den Titel der KFT ziert der LO 2500 Prototyp. Davon wurden im Karosseriewerk Halle nur sechs Stück gebaut.

Volltreffer: Einen LO-2500-Bus mit der originalen Dachrandverglasung zu finden ist schon ein echtes Glück. Die Beschaffung des Plexiglases für die Dachfenster war fast unmöglich, deshalb wurden diese im Rahmen der Generalreparaturen verblecht und später gar nicht mehr verbaut. Dieses Exemplar mit Werbung für das einzige DDR-Reisebüro wird von Oldtimerfreunden in der Tschechei gehegt und gepflegt.

Lokalexoten: Ebenfalls in der Tschechei werden diese beiden LOs erhalten. Zum einen ein skurril anmutender, in Eigenregie entstandener offener Ausflugsbus, und zum anderen ein sogenanntes Mehrzweckfahrzeug, welches bei der Feuerwehr im Einsatz war.

BÖ 0435

BÖ 0435

Kalter Krieger: Die bewaffneten Organe der DDR wären ohne den LO 2002 A in seinen diversen Varianten wohl aufgeschmissen gewesen. Beinahe 30 Jahre prägten die unverwüstlichen Allradfahrzeuge aus Zittau das Bild von NVA und Grenztruppen.

SEITE 312

Beurteilung Polski Fiat 125p mit Radialreifen

SEITE 318

Instandsetzungshinweise Wartburg 353

10 OKTOBER 1972

VEB VERLAG TECHNIK BERLIN

Postverlagsort 108 Berlin

Heftpreis 2,– M
Sonderpreis für die DDR 1,– M

KFT
Kraftfahrzeug technik

Neuauflage: Gut, die Nutzlast hatte sich auf drei Tonnen erhöht, aber der große Wurf war der Robur LO 3000 nicht.

Neben zahlreichen Werksaufbauten gab es auch ungezählte, die in Eigenregie entstanden. Der LO steckte alles klaglos weg.

Als LF 8/TS 8 war der Robur bei so ziemlich allen DDR-Feuerwehren zu finden. Er war so beliebt, weil er mit der PKW-Fahrerlaubnis gefahren werden durfte und weil er die Kameraden kaum einmal im Stich ließ, und wenn doch mal was war, konnte ihn jeder Dorfschmied reparieren. Bei vielen Freiwilligen Feuerwehren war er bis in die 2000er Jahre im Einsatz und wurde nur unter Protest abgegeben. Die Ersatzbeschaffungen konnten ihm nicht das Wasser reichen, zu schwer, nicht geländegängig, LKW-Schein…

Seite 273

Rumänische Transporter für die DDR

Beurteilung MZ ES 175/2

Seite 279

9 SEPTEMBER 1968

VEB VERLAG TECHNIK BERLIN

Postverlagsort 108 Berlin

Heftpreis 2,– M
Sonderpreis für die DDR 1,– M

KFT

Kraftfahrzeugtechnik

Monteure, die auf Außenmontage mit dem Bau- und Entstörfahrzeug, so die amtliche Bezeichnung dieses LO 3000, unterwegs waren, hatten es gut. Mit entsprechendem Werkzeug, bequemen Sitzen und Fremdheizung ausgestattet, konnte man auch widrigen Bedingungen trotzen. Der Allradantrieb sorgte für ausreichend Vortrieb.

Das Fernsehen der DDR setzte auf die praktischen Mehrzweckfahrzeuge. Sie boten genügend Platz für Mannschaft und Ausrüstung.

Ganz ohne Dachrandverglasung mussten die überarbeiteten Robur-Busse auskommen. Typisch DDR: Besser wurde im Fahrzeugbau selten etwas – nur anders. Die allgegenwärtige staatliche Plankommission verwaltete eigentlich nur noch den Mangel.

Schwanengesang: Gut, dass es den Zittauer Fahrzeugbauern noch vergönnt war, ihren 100. Geburtstag zu feiern. Was danach kam, war nicht mehr schön…

Das Ende vom Lied: Gott sei Dank blieb der Robur LD 3004 trotz »Powered by Deutz« und einer etwas seltsamen Frontkosmetik nur eine Marginalie des Fahrzeugbaus der DDR, die es ja eigentlich auch schon nicht mehr gab.

Laster aus Ludwigsfelde

Jahrelang dümpelten, von konkreten Entscheidungen der IFA allein gelassen, die Werdauer Entwicklungen für einen S 4000-1-Nachfolger dahin, da die staatliche Plankommission die schon relativ weit gediehene Entwicklungsarbeit für einen W45 LA, wobei das »W« für »Werdau« stand, immer wieder abblockte. Im März 1962 jedoch nahm die ganze leidige Angelegenheit eine ungeahnte Wendung. In seiner Rede auf dem VII. Deutschen Bauernkongress forderte Walter Ulbricht überraschend einen neuen Lastwagen für die Landwirtschaft. Geschickt inszenierte die Werdauer Werksleitung umgehend die Antwort auf Ulbrichts Forderungen in einem Brief an ihn, der zugleich in allen Medien veröffentlicht wurde (so etwas ging damals noch!) Man legte den Entwurf eines geländegängigen Allrad-Lkw offen. Vorbei an allen Gremien hatten sich die Werdauer beim Staatsoberhaupt Gehör verschafft, und dieser konnte angesichts der breiten Öffentlichkeit nicht anders, als zu antworten: »Dann baut ihn!«. Gut einen Monat nach Ulbrichts Rede wurde der Regierung ein erster Prototyp vorgestellt. Was bislang ziellos dahinschlich, hatte über Nacht höchste Priorität und musste in kaum zu bewältigender Eile vorangebracht werden. Unzählige Nachtschichten waren nötig, den W45 nun doch als Frontlenker serienreif zu machen. Im Wesentlichen zielte man dabei auf drei allradgetriebene Grundversionen ab: den Allradkipper W45 LAF für die Landwirtschaft, eine abgeleitete Zugmaschine für Anhänger- (W45 LAZ) oder Sattelbetrieb (W 45 LAS) sowie den Armeelaster (W45 LAF Armee). Den Serienbeginn sollte in der zweiten Hälfte des Jahres 1965 aber die hinterachsgetriebene Basisversion W45 LF bestreiten. Im Laufe der Projektarbeiten änderte man wegen der leicht gestiegenen Nutzlast die Modellbezeichnung auf »W50«.

Inmitten aller Werdauer Emsigkeit ereilte die Fahrzeugwerker der Bumerang: Zum Produktionswerk wurden nicht sie, sondern das Industriewerk Ludwigsfelde bestimmt. Das traf die, die dafür so tapfer gekämpft hatten, äußerst bitter. Doch es gab gewichtige Gründe dafür. Die jährlich mindestens geplanten 20.000 Lastwagen hätte das begrenzte Werdauer Werk bei weitem nicht schaffen können. In Ludwigsfelde hingegen stand Fachpersonal bereit, das durch die Aufgabe einer geplanten Flugzeugfertigung in der DDR frei war. Zudem investierte die IFA bei den Industriewerken in einen umfassenden Ausbau des Werkes, wie nur wenige Male in

Familienzuwachs: Auf dem Messetitel für die Leipziger Frühjahrsmesse 1966 fand man den W50 schon innerhalb der IFA-Familie. Aber auch der Werdauer S 4000-1 war noch präsent.

Kraftfahrzeugtechnik
KFZ
IFA
IFA
W 50
neuer 5-TONNEN-LKW
7 /1965
VEB VERLAG TECHNIK BERLIN
15. Jahrgang · Juli 1965 · Seiten 241–280 · Heftpreis 1,– MDN
Postverlagsort 108 Berlin
A 4314 E
VT

ihrer Geschichte überhaupt. Ludwigsfelde, bisher allenfalls für Motorroller, Kübelwagen P 3 oder die »Dieselameise« bekannt, wurde zu einem modernen und groß angelegten Lkw-Montagewerk ausgebaut. Trotz allem gaben die Werdauer alles, um den Zeitplan einzuhalten, wenngleich sie nach einer Übergangsfrist von zwei Jahren dann der Abstieg zum Anhängerproduzenten erwartete. So lange wurde der S 4000-1 noch parallel zum neuen W50 gebaut, dessen erstes Exemplar fristgerecht am 17. Juli 1965 aus dem neuen Werk rollte. Im gleichen Atemzug erhielt der Betrieb die neue Bezeichnung »VEB IFA-Automobilwerke Ludwigsfelde«.

Nullnummer: Während auf der KFT vom Juli 1965 noch eine Zeichnung vom »neuen 5-Tonnen-LKW« kündete, war der erste W50 bereits vom Band gelaufen. Im Jahr 2015 konnte man seinen 50sten Geburtstag feiern, denn er hatte die Zeiten überlebt.

Die Investitionen in das Ludwigsfelder Werk erscheinen rückblickend sinnvoll, auch wenn die jährliche Stückzahl von 20.000 Lastwagen erst 1973 durchbrochen werden konnte. 1986 überschritt sie die 30.000-er Marke. Das Produkt – der W50 – war zum Zeitpunkt seiner Einführung international durchaus konkurrenzfähig, wenngleich der erst auf 110, ab 1967 dann auf 125 PS gesteigerte Vierzylinder-Dieselmotor schon frühzeitig Weiterentwicklungen oder Ersatz durch eine größere Maschine bedurft hätte. Wie bei allen Produkten der DDR-Automobilindustrie stagnierte in den kommenden Jahren die grundsätzliche Weiterentwicklung. Punkten konnte der W50 hingegen mit seiner robusten Bauweise, Reparaturfreundlichkeit und dem immer weiter ausgebauten Aufbauprogramm, dessen Baukastensystem bei etwa 60 Grundvarianten im

Laufe der Jahre bis zu 240 verschiedene Modelle hervorbrachte. Wenngleich an einen Export nach Westeuropa nicht zu denken war, gab es kaum ein Land im Ostblock, in dem man nicht einen W50 antreffen konnte. Zudem war er beliebtes Lastentier in den Drittländern der Welt, wo er noch heute zahlreich angetroffen werden kann. Nicht nur für die zweite Hälfte der DDR-Zeit erwarb er sich das Prädikat eines Standardmodells.

Mit der Investition in ein modernes Lastwagen-Montagewerk und dem anschließenden Erfolg des W50 auch auf internationaler Ebene hatte die DDR ein Exempel statuiert, dass sich für die eigene Automobilindustrie auf breiter Basis zur Nachahmung empfahl. Doch sowohl die Produktionsmöglichkeiten wie auch das Produkt W50, das gutes Potential für Weiterentwicklungen bot, wurde nicht im nötigen Maß weiter gefördert. Vielmehr gewann ein weiteres Mal die oft ange-

Made in GDR: Dieser W50, zwar in einem optisch beklagenswerten Zustand, war 2004 noch im Einsatz! Welch ein Qualitätsbeweis!

wendete Praxis Oberhand, »die Kuh so lange zu melken, bis keine Milch mehr kam«. Der reißende Absatz des W50 förderte diese Auffassung für lange Zeit. Zehn Jahre nach Serienbeginn des W50 ging man endlich daran, an Weiterentwicklungen zu denken. Den Grund lieferten vornehmlich der Iran und Irak. Sie befanden sich untereinander im Krieg, wussten aber beide das in Anschaffung und Unterhalt günstige wie auch zuverlässige Transportmittel aus der DDR zu schätzen. Verstärkt fanden Lieferungen in diese Krisenregion statt. So zielten die Entwicklungsaufgaben auf die Verbesserung von Armeeausführungen ab, sollten aber auch für den zivilen Einsatz eine Gebrauchswertsteigerung zur Folge haben.

Von Anfang an waren folgende Parameter für die Weiterentwicklung maßgebend: Umgestaltung der W50-Fahrerkabine als Kipp-Fahrerhaus, wartungsfreie Wasserkühlung, Trockenluftfilter mit hochgezogener Saugleitung, Hydrolenkung, Achtgang-Getriebe mit Schnellgang, drucklufthydraulisches Zweikreis-Bremssystem, hydraulische Kupplungsbetätigung und eine elektrische Anlage mit 24V Bordspannung. Serienbeginn sollte 1983 sein. Doch bevor eine Realisierung möglich war, beschloss das Politbüro der SED die Entwicklung einer neuen Konzeption, die als L60 (»L« für »Ludwigsfelde«) dann sechs Tonnen Nutzlast haben sollte. Dazu war außerdem die Motorleistung von 125 auf 180 PS zu steigern. 1987, mehr als zwanzig Jahre nach der Einführung des W50 (!), waren dann die ersten Varianten vorbereitet. Hauptsächlich für den Export ausgelegt, handelte es sich erwartungsgemäß zuerst um militärisch orientierte Ausführungen wie Blechpritschenwagen für Mannschaftstransport, Werkstattkoffer, Wasser- und Kraftstofftankwagen. Auch der neue Sechszylindermotor, der den verhältnismäßig schwachen Vierzylinder ablöste, stand inzwischen bereit, so dass die Fertigung parallel zum alten Modell im Juni 1987 anlaufen konnte. Aufgrund der Vielzahl von Aufbauvarianten, die nur allmählich durch das neue Modell abgelöst werden konnten, und der weiter ungebrochenen Abnahmen im gesamten Ostblock lief die Montage des W50 vorerst weiter. Größter Minuspunkt des neuen L60 war jedoch, dass man es nicht geschafft hatte, das stilistisch völlig überalterte Fahrerhaus durch eine zeitgemäße Kabine zu ersetzen. Verhandlungen und Prototypen hatte es zuvor vor allem mit Steyr und Volvo gegeben, letztlich aber scheute sich die DDR-Regierung vor den damit auf sie zukommenden Kosten. Dass man eine eigene Konstruktion für das Fahrerhaus nicht mehr auf die Beine stellen konnte, zeugt davon, dass man die letzten zwei Jahrzehnte verschlafen hatte. Denn damals konnte man so etwas nicht nur bewältigen, sondern auch mit konkurrenzfähigen Produkten vollenden.

IFA
W50
weltweit im Einsatz
in use worldwide
en service dans le monde entier
IFA mobile-DDR

Vielfältig: Der Prospekt, der auf die einzelnen Typen aufmerksam machte, war gefühlte zwei Quadratmeter groß. Ungefähr 60 verschiedene Aufbauten wurden auf nur einem Grundtyp mit nur einem lieferbaren Motor und drei verschiedenen Radständen angeboten. Wie wirtschaftlich das alles war, bleibt dahingestellt.

Standardware: Die Pritschenausführung auf dem Fahrgestell mit 3.200 mm Radstand war wohl die am häufigsten anzutreffende Variante. Sie bildete ab 1965 das Rückgrat des Straßen-Güterverkehrs in der DDR.

Deutlich seltener hingegen war die verlängerte, als Speditionspritsche bezeichnete Variante mit geteilter Bordwand und 5,20 m Ladelänge – die Nutzlast blieb jedoch bei spärlichen fünf Tonnen.

Glücklich waren die Fahrer, deren W50 mit einer der seltenen Fernfahrerkabinen ausgestattet war, weil sie dann ihre Ruhezeiten nicht mit krummen Rücken über dem Motortunnel verbringen mussten.

Den Fahrgästen, die in derartigen Lastzügen transportiert wurden, war wahrscheinlich schon alles egal.

Ein komplett mit zeitgenössischer Technik ausgestatteter Tonwagen des DDR-Fernsehen hat überlebt und ist auch heute noch voll funktionsfähig.

Großzellenkoffer: W50 L/GZW hießen die Gefangenentransportwagen im Amtsdeutsch. Wer in einer dieser Zellen längere Zeit über schlechte DDR-Straßen transportiert wurde, war schon völlig demoralisiert.

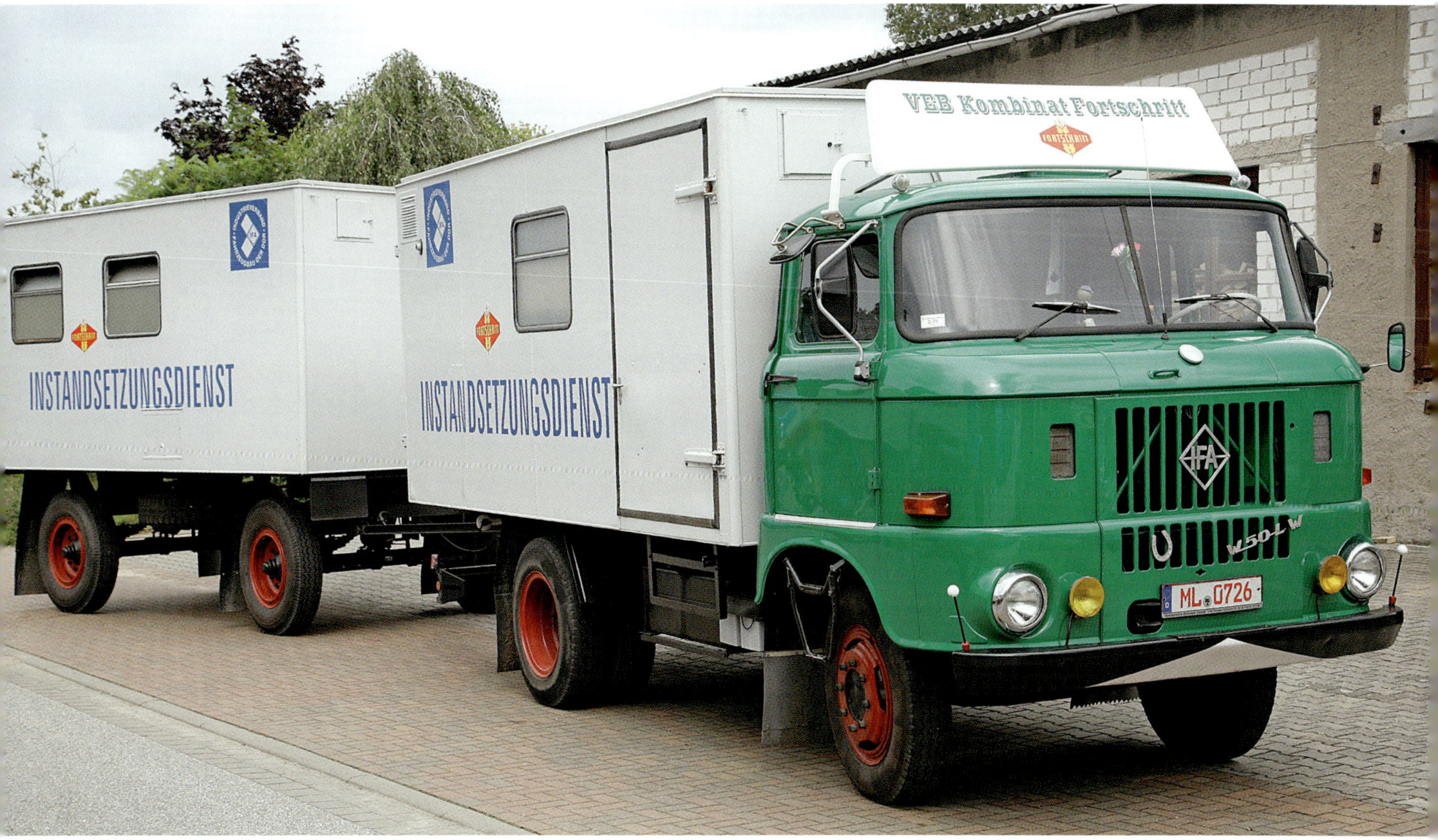

Hilfszug: Wenn dann die alljährliche Ernteschlacht geschlagen wurde, war auch der Instandsetzungszug nicht weit. Er hatte vom Notstromaggregat über Ersatzteile bis zu Spezialwerkzeugen alles an Bord, um defekte Erntefahrzeuge sofort vor Ort zu reparieren.

Zweigleisig: Ausgestattet mit einer Schienenfahrvorrichtung, konnte der Turmwagen nach nur wenigen Minuten Umrüstzeit auch auf Straßenbahngleisen fahren. Die Aufbauten wurden von verschiedenen VEB gefertigt. Schön, dass so etwas überlebt hat.

Mangels geeigneter Hydraulikanlagen wurden Wechsel-Containerfahrzeuge noch mit Hilfe von Seilzügen be- und entladen.

Ratiomittel: Um Devisen für den Kauf von tschechischen Müllfahrzeugen zu sparen, entwickelte man den »Mehrcontainerkippkraftwagen«, der natürlich nur ein schwacher Ersatz sein konnte. Dieses Exemplar wird von der Stadtreinigung Rostock erhalten.

Während Kraftstoff-Tankwagen in den meisten Fällen mit dem normalen Hinterradantrieb auskamen, benötigten Güllefahrzeuge für den Einsatz in der Landwirtschaft schon Traktion an allen Rädern.

Gemeinschaftswerk: Ludwigsfelde lieferte die Allradfahrgestelle, auf denen der VEB Maschinenbau »Karl Marx« in Babelsberg den Autodrehkran ADK 70-0 aufbaute. Das abgebildete Fahrzeug ist noch heute gelegentlich im Einsatz.

Vielseitig: Äußerst variabel ließ sich das Abschlepp- und Bergefahrzeug einsetzen. Er konnte immerhin 16 Tonnen schwere Fahrzeuge in Schlepp nehmen, wobei die dürftige Motorleistung schon mal an ihre Grenzen stieß.

VEB HANDELSTRANSPORT GERA
IFA
VEB HANDELSTRANSPORT
GERA
W50L
NG 38-75

IFA
HO 52-58

Die Sattelzugmaschine W50 L/S konnte neben normalen Pritschenaufliegern auch mit Spezialaufliegern wie diesen für Mischfutter kombiniert werden.

Neues vom
POLSKI-FIAT

SEITE 37

2 FEBRUAR 1971
VEB
VERLAG TECHNIK
BERLIN
Postverlagsort 108 Berlin
Heftpreis 2,– M
Sonderpreis für die DDR 1,– M

KFT
Kraftfahrzeug technik

IFA W50 L/S
Sattelzugmaschine
mit Universal-
Tankauflieger

Kreislauf: Der W50, einst in Werdau konstruiert, lief dann letztlich in Ludwigsfelde vom Band. Dem Kraftfahrzeugwerk in Werdau wurde die Produktion von Anhängern und Aufliegern verordnet. Nun fertigte man dort u.a. Tankauflieger, die dann mit der ehemaligen Werdauer Konstruktion kombiniert wurden.

IFA
SDL 07044

IFA
LML VP 1H

IFA
IBT41

IFA

Das Ganze in Grün: So ziemlich jede Variante des W50 gab es für die bewaffneten Organe auch noch mal in Grün. Für die Armeen befreundeter Staaten im Nahen Osten und sonstwo gab es das Ganze dann auch noch in Kaki.

Kraftfahrzeugtechnik 6/85
KFT
VEB VERLAG TECHNIK
BERLIN
ISSN 0023 - 4419
Tourenwagentechnik:
Pneumant-Rallye 1985
Beurteilung: Trabant
mit WE-II-Motor
IFA
IFA W50
4×4 special
IFA mobile-DDR

Baulöwen: Allradantrieb und Niederdruckbereifung prädestinierten den W50 auch im zivilen Einsatz für schweres Gelände. Irgendwie sah er so auch am knuffigsten aus.

So sah der klassische DDR-W50-Löschzug aus, bestehend aus TLF 16, LF 16 und DL 30, der in so ziemlich jeder Wache der Berufsfeuerwehren vorzufinden war. Die Fahrzeuge waren in Aufbau und Ausrüstung hochstandardisiert, was die Kosten in Grenzen hielt.

Ersatzlieferung: Mitte der sechziger Jahre wurde es zumindest für die Berufsfeuerwehren langsam Zeit, sich von den ersten Nachkriegsfahrzeugen zu trennen. Sukzessive wurden sie durch den W50 ersetzt. Die serienmäßigen Aufbauten fertigte das Feuerlöschgerätewerk Luckenwalde.

Kraftfahrzeugtechnik 6/89
KFT
VEB VERLAG TECHNIK
BERLIN
ISSN 0023 - 4419
EVP 1.- M
IFA L60
DC 42-72
IFA mobile·DDR
L60 1218 4 × 2 P

Zu spät: Lange, sehr lange wusste man, dass der W50 hoffnungslos veraltet war, und lange hat man an einem Nachfolger herumlaboriert. Doch die Wirtschaftslenker des Politbüros hatten immer wieder Einwände und Änderungswünsche. Als dann schließlich 1987 der L60 vom Band lief, war er lediglich ein halbherziger Kompromiss, es reichte nicht einmal für ein neues Fahrerhaus.

Die Variantenvielfalt beim L60 sollte ähnlich umfangreich werden wie bei seinem Vorgänger. Als die Sattelzugmaschine serienreif war, hatte es die DDR im wesentlichen schon hinter sich. Dennoch hat ein kompletter Sattelzug überlebt. Der Auflieger ist kein Serienprodukt, er entstand in irgendeinem VEB in Eigenregie.

Einzelstücke: Die Fernfahrerkabine ging nie in Serie, hat aber als Prototyp überlebt.
Pläne für einen Dreiachser gab es, aber dabei blieb es auch. Dennoch hat es Einzelstücke gegeben, und eines davon gehört heute einem Sammler, der es mit einem passenden Kofferaufbau versehen hat, was dem Fahrzeug ein durchaus harmonisches Aussehen verleiht.

Natürlich brauchte die NVA den L60 auch in Oliv, aber die Genossen sollten nicht mehr viel Spaß daran haben.

Der Dreiseitenkipper in Apfelgrün war 2009 noch im Einsatz. Na ja, da hatte er ja auch erst 20 Jahre auf dem Buckel.

Ein Teil der NVA-Fahrzeuge wurde noch in den Dienst des Technischen Hilfswerkes gestellt – sie waren ja auch noch wie neu!

Ende vom Lied: Ob man beim Einsatz als Kalkfahrzeug von »Gnadenbrot« sprechen kann, bleibt dahingestellt.

Multicar: Der Überlebenskünstler

Wenn man am Ende der DDR Wetten abgeschlossen hätte. Welche der IFA-Betriebe unter den neuen Bedingungen eine Überlebenschance haben würde, dann hätte das Fahrzeugwerk in Waltershausen wohl die wenigsten Stimmen erhalten. Sicher der Multicar war praktisch – aber beliebt? Nein, das war er nicht. Ursprünglich als »Flurfördergerät« für den innerbetrieblichen Transport konzipiert, mutierte der kleine Diesel, mangels knapper Alternativen, mitunter sogar zum Nahverkehrstransporter.

Ab 1951 wurden im sächsischen Brand-Erbisdorf die ersten Dieselkarren mit 1,8 und 2,0 Tonnen Nutzlast gefertigt. Die mit einem Einzylinder-Dieselmotor verfügten über eine Fußwippe als Lenkung und waren in den VEB mit langen Transportwegen sehr beliebt. Entsprechend ihres Einsatzzweckes wurden sie häufig in Eigeninitiative der Betriebe mit den verschiedensten Aufbauten versehen.

Nach einer zweijährigen Auslagerung der Produktion in das Industriewerk Ludwigsfelde, wurde die Produktion schließlich in den VEB-Fahrzeugwerk Waltershausen. Dort übernahm man 1956 nicht nur die Produktion der Diesel-Ameise, sondern begannen auch, an der Vervollkommnung des Konzepts zu arbeiten. Nach zweijähriger Entwicklung präsentierte man den ersten Quantensprung, das Modell DK 2004 oder kurz DK 4. Bei ihr war der Führerstand erstmals in Gürtelhöhe verkleidet, obwohl der Fahrer weiterhin der Witterung ausgesetzt war.

Im Oktober 1959 organisierte die Werkszeitung ein Preisausschreiben, um dem für das Werk immer wichtiger werdenden Produkt auch einen Namen statt nur eine Typenbezeichnung zu

Ahnenforschung: Der Dieselkarren DK 2002 ist gewissermaßen der Großvater des Multicars.

»Arbeitschutz geht alle an«: Mit der neuen »Karosserie« wurde der Fahrer der »Ameise« nur noch obenrum nass.

geben. »Diesel-Ameise« klang ihren Schöpfern wohl ein wenig zu primitiv, so dass nun »Multicar« den Zuschlag erhielt und fortan als neue Marke aufgebaut wurde. Entsprechend zwei Tonnen Nutzlast und der ersten Baureihe wählte man die Bezeichnung Multicar M 21. Der nächste Qualitätssprung wurde 1964 erreicht. Endlich saß der Fahrer des Multicar M 22 in einer geschlossenen Kabine. Mehr noch, aus dem Flurförderwagen war ein kleiner Lastwagen entstanden, mit Fahrersitz, Lenkrad und Motor neben statt bisher hinter der Einmannkabine. Die Nutzlast blieb konstant, aber mit einem neuen Zweizylinder-Dieselmotor aus Cunewalde verfügte man mit 13 über doppelt so viel PS wie zuvor. Inzwischen verließen jährlich im Schnitt über 4.000 solcher Spezialfahrzeuge das Werk. Der Exportanteil lag bei über 50 %!

Nach zehn Jahren Bauzeit löste 1974 der neue Multicar M 24 seinen Vorgänger ab. Wieder war der kleine »Lastesel« erwachsener geworden. Leicht gestiegene Nutzlast, nunmehr ein vollwertiger Vierzylinder-Dieselmotor mit 45 PS und

weiterer Ausbau der Einsatzmöglichkeiten durch 14 Aufbauvarianten machten das Konzept noch attraktiver. 1977 wurde dann mit dem Multicar M 24-0 auch die Zeit des Einmann-Fahrerhauses überwunden. Damit bereitete man schon den neuen Multicar M 25 vor, der 1978 mit einer nochmals verbesserten, zweisitzigen Kabine erst einmal den Höchststand seiner Entwicklung aus einem primitiven Transportmittel hin zu einem vollwertigen Mehrzweck-Lastwagen erreichte. Im Gegensatz zu den anderen Sparten des DDR-Automobilbaus hatte die DDR auf diesem Gebiet nicht nur ein Nischenprodukt hervorgebracht, für das es selbst in Westeuropa kaum andere Anbieter gab, sondern das auch eine Reife erreicht hatte, die kein vergleichbarer Anbieter liefern konnte. Der Multicar war zudem durch eine nahezu grenzenlose Vielfalt an kombinierbaren Aufbaufunktionen gekennzeichnet, die besonders auf den kommunalen Bereich ausgerichtet waren. Seine schmale und kompakte Bauweise ließ ihn zum Verkaufsschlager in Ost und West

Familientreffen: Hier sind die Produkte aus Waltershausen alle versammelt.

werden. Bis zur Wende entstand der M 25 in über 100.000 Exemplaren. Eine Zahl, die für sich und für ein Spitzenprodukt spricht.

Das Fahrzeugwerk Walterhausen erlebte daher auch zur Wende nicht den Einbruch im Absatz wie andere Werke in der DDR. Im Gegenteil: Nach Umwandlung in die Multicar Spezialfahrzeuge GmbH Walterhausen forcierte man 1991 den Einbau von wirtschaftlicheren VW-Dieselmotoren, konstruierte ein neues Kippfahrerhaus, neue Achsen mit Scheibenbremsen und investierte in eine leistungsfähigere Hydraulikanlage. Diese Weiterentwicklungen und die Zusammenarbeit mit entsprechenden Aufbauherstellern vervollständigten die Angebotspalette weiter. Inzwischen gehört Multicar mehrheitlich zur Firma Hako Reinigungsgeräte aus Bad Oldesloe. Multicar ist damit die einzige ostdeutsche Automobilmarke, deren Existenz die Wende überdauert hat und die als Marktführer weiter zuversichtlich in die Zukunft schauen kann.

Lastzug: Auch mit Anhänger war der M 22 häufig anzutreffen.

Der Multicar M 25 mit langem Radstand war nicht allzu häufig anzutreffen.

Liebesdiener: Kaum etwas blieb dem Multicar erspart. Hier fungiert er als Zugmaschine für ein mobiles »Liebesnest« am Wegesrand.

Hoch hinaus: Autokräne aus Sebnitz und Babelsberg

Um den Aufbau der DDR und seiner Wirtschaft ernsthaft voranzutreiben, benötigte man dringend entsprechende Hebetechnik in Form von Kränen. Um schnelle Ortswechsel vornehmen zu können, dachte man vor allen Dingen an Autodrehkräne.

Im sächsischen Sebnitz gab es die vom Krieg völlig unversehrte Firma Georg Kirsten, die über Erfahrungen im Bau von Hebezeugen und Bergekränen verfügte. Nach Kriegsende wurde der Betrieb umgehend enteignet und baute nunmehr als Reparationsleistungen Autokräne auf russische SIS-Fahrgestelle. Ab 1948 firmierte man als VEB Hebzeugwerk Sebnitz.

Der kleine Betrieb platzte angesichts der Aufgabe aus allen Nähten, so dass man 1950 in die nahegelegenen Räume der einst größten Papierfabrik Europas einzog. Hier fand man nun entsprechende Möglichkeiten vor, Hallenportalkrane, Förderanlagen und auch Mobildrehkräne zu fertigen. Den Einstieg ins Programm bildete 1956 die Entwicklung eines 3-Tonnen-Autodrehkranes zusammen mit dem Institut für Fördertechnik Leipzig. Der ADK III/3 »Puma« war ein kleiner wendiger Mobilkran, bei dem man auf die Achsen des Werdauer H 6 und den luftgekühlten Dieselmotor des Phänomen Garant 32 baute. Von 1958 bis 1963 entstand er in einer allerdings geringen Auflage von nur 261 Stück. Er war der erste vollhydraulische Autokran Deutschlands, eine Leistung, mit der die in der Branche noch jungen Sebnitzer einen Achtungserfolg verbuchen konnten.

Beim ADK III/4 »Puma« handelte es sich um den kleinsten Autokran der DDR.

Angetrieben durch einen 52-PS-Diesel vom Garant 32 war der »Puma« nicht gerade ein Kraftpaket.

Schon 1953 hatte man unterdessen mit der Entwicklung eines 5-Tonnen-Kranes begonnen. Er löste mit seinem Fertigungsbeginn 1956 die bis dahin auf Werdauer H 6- und G 5-Fahrgestelle montierten Autokräne ab, die zwei erhebliche Nachteile in sich bargen: Zum einen waren die Rahmen der Lastwagen nicht genügend verwindungssteif. Zum anderen waren die Kräne nicht unter Vollast fahrbar, sondern nur mit Abstützung einsetzbar. Der Sebnitzer ADK I/5 »Panther« war jedoch ebenfalls auf Achsen des H 6 angewiesen. Als Motor kam ein Vierzylinder-Dieselmotor der Einheitsmotorenbaureihe zum Einsatz, wie er im Horch H 3 A verwendet wurde. Auch rein äußerlich verstand man es, sich der gewohnten Erscheinung von H 3 A und H 6 anzupassen, was rein oberflächlich dazu führte, dass man sie als Kräne den Lastwagen zuordnete. Tatsächlich handelte es sich aber um separate Konstruktionen. Der Panther geriet recht schnell zu dem Standard-Mobilkran der DDR. In großen Stückzahlen und ständig modifiziert baute ihn das Sebnitzer Werk bis 1970 in über 5.000 Exemplaren. Wichtige entwicklungstechnische Stationen waren dabei 1965 die Erhöhung der Nutzlast von 5 auf 6,3 Tonnen und damit die Änderung der Ty-

Hier sind die verschiedenen Kabinen und Ausliegervarianten des ADK 63 zu sehen.

penbezeichnung in ADK 6,3 und später ADK 63. Ab 1969 ging eine wesentlich veränderte Auslegerkonstruktion in Serie. Der ADK 63-2 verfügte nun nicht mehr über einen Kasten-, sondern über einen Teleskopausleger. Strukturpolitische Entscheidungen führten 1971, ein Jahr vor Auslauf des Typs, zur Verlagerung der Fertigung zum VEB Schwermaschinenbau »Georgi Dimitroff« nach Magdeburg.

Noch in Sebnitz hatte man die Entwicklung eines leistungsfähigeren Kranes mit 10 Tonnen Hublast begonnen. Sie wurde in Magdeburg fortgesetzt und als ADK 125 mit 12,5 Tonnen Hubvermögen 1971 in die Serie überführt. Technische Basis, sprich das fahrfähige Untergestell mit Achsen lieferte nach einem Kooperationsvertrag mit Ungarn das Raba-Werk in Györ. Als Antrieb diente jedoch ein einheimischer Sechszylinder-Dieselmotor aus Schönebeck. Kurz nach Serieneinführung kam es erneut zur Umstrukturierung der Kranbauer. Nunmehr wurde dem VEB Maschinenbau »Karl Marx« in Babelsberg der Bau des ADK 125 zugewiesen. Gleichzeitig konzentrierte man an diesem Standort auch den Kranaufbau ADK 70 für den IFA W 50. Bis 1987 entstanden von dem ADK 125 in mehreren Modifikationen in Babelsberg knapp 4.700 Stück. Zuvor hatte man es in Magdeburg bis 1975 auf weitere gut 600 Exemplare geschafft. Der ADK 125 prägte wie zuvor der Sebnitzer »Panther« entscheidend den DDR-Alltag. Hinzu kamen die auf W 50-Fahrgestellen bauenden Kräne ADK 70 und ab 1985 dann ADK 80. Der ADK 100 auf dem Ludwigsfelder L 60-Fahrgestell kam beginnend 1990 kaum noch zum Tragen, wurde aber Ausgangspunkt für Weiterentwicklungen, die unter anderem auf Mercedes-Benz-Fahrgestellen dann in der Marktwirtschaft aufgebaut wurden. Bis 1995 konnte die Maschinenbau Babelsberg GmbH den ADK 100 M aber gerade nur noch elf

Auf den ersten Blick sahen die Autodrehkräne aus Sebnitz alle gleich aus. Erst bei näherem Hinsehen kann man die Unterschiede erkennen. Hier ein ADK 5 (oben) und ADK 63,2 (unten).

Untypisch: Bei der Feuerwehr waren nicht allzu viele der ADK 125 eingesetzt. Die meisten waren in der Wirtschaft im Einsatz.

Kräftemessen: Solche Einsätze gehörten wohl eher nicht zum Alltag eines Autodrehkranes im Dienste bei den »Bewaffneten Organen«.

Importe aus Ost und West

Spätestens 1959, als der letzte ernstzunehmende Fernverkehrslaster aus DDR-Produktion, der H6, vom Band lief, mussten sich die Verantwortlichen Gedanken machen, wie der Fernverkehr zukünftig bewerkstelligt werden sollte. An eine eigene Entwicklung war nicht zu denken, da alle Kräfte in Entwicklung und Bau des W50 flossen. Außerdem wollten die RGW-Richtlinien, dass in der DDR fürderhin keine schweren Nutzfahrzeuge mehr gebaut werden sollten. Also zog man Bilanz, und diese fiel ernüchternd aus: für den Güterfernverkehr standen neben einigen schweren Lastzügen aus Kriegs- und Nachkriegszeiten lediglich der unverwüstliche H6 zur Verfügung sowie einige Fahrzeuge, die wegen dubioser Vergehen auf den Transitstrecken von den Staatsorganen der DDR »entschädigungslos eingezogen« wurden. Aber das konnte nicht ewig so weitergehen. Damit ließ sich kein grenzüberschreitender, konkurrenzfähiger Güterverkehr realisieren.

Also blieben nur die sozialistischen Bruderstaaten. Die LKW des »großen Bruders«, der Sowjetunion, waren eher was fürs Militär, das natürlich auch entsprechenden Bedarf anmeldete. Die ungarische Firma Csepel baute zwar LKW in verschiedenen Leistungsklassen, aber nur in kleinen Stückzahlen. Ikarus hingegen war in der Lage, den Bedarf an Omnibussen abzudecken. Rumänien hatte überhaupt nichts Brauchbares zu bieten, das änderte sich erst in den späten 70er Jahren, als man dort schwere LKW in MAN-Lizenz fertigte. Aus der Volksrepublik Polen konnten erst ab 1970 Jelcz-LKW der 300er Baureihe bezogen werden. Und so kam als Lieferant schwerer LKW eigentlich auch nur die CSSR in Frage. Skoda produzierte geeignete Laster in guter Qualität für den Fernverkehr, und die Firma Tatra hatte schwere geländegängige und leistungsfähige Baufahrzeuge und Schwerlastzugmaschinen im Programm.

Reisevergnügen: Der Import der zeitlos eleganten Skoda-Busse war ein Quantensprung in der Personenbeförderung.

Doch die Beschaffung ausreichender Mengen an Fahrzeugen würde teuer werden, sehr teuer. Das eigentliche Problem lag darin, dass die DDR nur über wertloses Geld verfügte, an dem selbst die sozialistischen Bruderstaaten nur mäßig interessiert waren. So kam man dann zu Kompensationsgeschäften – dem guten alten Tauschhandel. In den sechziger Jahren begann sich die DDR-Wirtschaft zu entwickeln, so dass man in der Lage war, Industrie- und Konsumgüter gegen Fahrzeuge einzutauschen. So war die Kuh schon mal vom Eis.

Aber der Mangel an geeigneten Fahrzeugen konnte mit den Lieferungen aus dem Ostblock auch nur oberflächlich gedeckt werden. Also mussten sich die Wirtschaftslenker schon immer

OOCL
TRHU 129
Franz Poller
FUHRGESCHÄFT
Ellefeld Vogtl.

TGHU 880893 9
45G1
tex
TRLU 804860 4
45G1
CSNU 654354 0
45G1
APZU 393037 6
Franz Poller
FUHRGESCHÄFT
Ellefeld/Vogtl.
V-07523
V-07533

mal mit der Tatsache vertraut machen, LKW aus dem Nichtsozialistischen Wirtschaftsgebiet, kurz NSW, zu beschaffen. Aber dazu musste der chronisch klamme Devisenhaushalt bemüht werden. Und das sahen die Genossen überhaupt nicht gern. Doch mittlerweile wusste man auch innerhalb der EWG die Qualität und die Preiswürdigkeit von DDR-Produkten zu schätzen, so dass es auch hier zu einem regen Tauschhandel kam. Ein interessanter Kreislauf kam in Gang, der Westen lieferte die Laster, mit denen die Waren aus DDR-Produktion in den Westen geliefert wurden, um sie zu finanzieren. So kam es, dass LKW aller namhaften Marken, von Scania einmal abgesehen, aus westlicher Produktion die Straßen des ersten Arbeiter- und Bauernstaats auf deutschem Boden belebten. Und das alles nur, weil der »große Bruder« seinem »kleinen Bruder« untersagte, selbst schwere Nutzfahrzeuge zu bauen. Gekonnt hätte er es.

Diese Präsentationsmappe vom Volkseigenen Kombinat Deutrans lässt die Vielfalt der unterschiedlichsten LKW-Marken auf DDR-Straßen zumindest erahnen.

Die ersten tschechischen LKW, die Anfang der 50er Jahre importiert wurden, waren die imposanten Skoda 706 R. Sie waren hauptsächlich als Kipper im Einsatz. Für den Fernverkehrseinsatz wurden Pritschenwagen mit Plane beschafft.

Fahrzeuge aus der CSSR Skoda

Ab 1959 folgte dann der Skoda 706 RT, der die Generation der Frontlenker einläutete.

Der Skoda 706 RT wurde in diversen Ausführungen ab Ende der 50er Jahre in die DDR geliefert. Seine Einsatzgebiete waren vielfältig, ob nun im Kommunalbereich als Müll- oder Sprengwagen oder in der Bauindustrie als Kipper, die unverwüstlichen Tschechen prägten das ostdeutsche Straßenbild wie kaum ein anderer importierter Lastwagen. Natürlich waren auch jede Menge Pritschen-LKW mit und ohne Plane im Güterfernverkehr unterwegs. Man kann mit Fug und Recht behaupten, dass der grenzüberschreitende Güterverkehr im großen Stil ohne die robusten Skodas nicht denkbar gewesen wäre.

Zahlreiche der schweren Sattelzugmaschinen befinden sich heute, kombiniert mit diversen Aufliegern, in Sammlerhand.

Mangels geeigneter Alternativen fristeten einige ausrangierte Skoda-Zugmaschinen ihr Leben als Abschleppwagen.

Fernfahrer: So waren sie auf den Straßen Europas unterwegs, die Skoda-Lastzüge der verschiedenen Kraftverkehrsbetriebe. Obwohl in der DDR kaum dreiachsige Pritschenanhänger gefertigt wurden, waren sie doch gar nicht so selten zu sehen. Das lag daran, dass die meisten der schweren Dreiachser noch aus der Zeit vor 1945 stammten und nun weiter genutzt wurden.

Saubermänner: Ohne die diversen Müllwagentypen aus der CSSR wäre die DDR wohl im Abfall erstickt.

Ab 1969 wurde die RT-Baureihe durch die neuen Fahrzeuge der MT-Serie ersetzt. Diese verfügten über eine neue 200-PS-Maschine und Außenplanetenachsen. Damit verschwanden dann auch die kernigen Trilex-Felgen an den nunmehr immer häufiger als LIAZ (Liberecer Automobilwerk) bezeichneten Lastern.

Next Generation: Die ab 1980 importierten LIAZ 100 bzw. 110 hatten schon Motoren über 300 PS. Sie wurden ausschließlich mit palettenbreiten Stahlpritschen mit Zollverschluss geliefert. Ein passender Dreiachshänger war nun ebenfalls lieferbar.

Selbstverständlich waren auch Sattelzugmaschinen im Angebot, die teilweise bis weit ins neue Jahrtausend im Einsatz waren.

Mächtig gewaltig: Trotz seiner Frontlenkerbauweise hinterließ der Skoda 706 RO Bus einen bleibenden Eindruck. Wenn man dann noch das Vergnügen hatte, den satten Klang des großvolumigen Motors zu hören, war dieser Eindruck komplett.

Stolz der Großstadt: Na, wenn das keine Werbeaussage ist! An mangelndem Selbstbewusstsein mangelte es Skoda nicht.

Mit Dachrandverglasung und eleganterer Bestuhlung gab es den 706er auch als Reisebus.

Zeitlose Eleganz: Selbst vierzig Jahre nach Produktionsende bietet der Skoda 706 RTO noch was fürs Auge. Motor und Fahrgestell lieferte Skoda, und die Aufbauten fertigte die Karosseriefirma »Karosa« im ostböhmischen Vysoke Myto. Ab 1962 wurden diese Busse auch bei Jelcz in Polen gebaut. Dort fertigte man auch Gelenkbusse und die formschönen Personenanhänger.

Tatra

Die ersten Tatra-LKW, die in geringer Stückzahl importiert wurden, waren die Typen 111R. Ein Zeichen für die Qualität der Lastwagen aus Koprivnice, dem früheren Kesselsdorf, war ihre Langlebigkeit. Einzelne Kranwagen waren über 40 Jahre im Einsatz.

Wirkungsvoll präsentierte sich der tschechische Außenhandelsbetrieb in einer frühen Ausgabe der Kraftfahrzeugtechnik.

Kraftpaket: Da der 141er Tatra bis zu 100 Tonnen an den Haken nehmen konnte, zierte er auch eine Anzeige für einen 60-t-Tieflader des VEB Fahrzeugwerke Frankenberg.

Nachdem die letzten Faun-, Hanomag- und Kaelble-Schwerlastzugmaschinen, allesamt noch aus Vorkriegs- oder Kriegstagen, verschlissen waren, musste man sich um geeigneten Ersatz kümmern. Als einziges ernstzunehmendes Fahrzeug bot sich der Tatra 141 an. Die robusten Allradfahrzeuge mit dem 185 PS starken V-12-Dieselmotor waren teilweise bis in die frühen 90er Jahre im Einsatz.

Tatra
VODNÍ DÍLO
ORLÍK N.P.
06/05
V 2822

Prachtstücke: Tschechische Oldtimerfreunde lieben natürlich auch »ihre« Tatras. Mit viel Liebe zum Detail werden sie restauriert, doch dann zögern die Jungs auch nicht, den robusten Allradlern das abzuverlangen, wofür sie gemacht sind. Sporadisch trifft man sich in einem Steinbruch zu regelrechten Oldtimer-Härtetests. In den Pausen posieren dann schon mal die verschiedenen Typen für die Fotografen. Vor Jahr und Tag wurden all diese Typen auch auf den Großbaustellen der DDR eingesetzt.

Ein vom harten Arbeitsleben gezeichneter D-031-Autobagger auf Tatra T 138 belädt einen perfekt restaurierten T 138-Muldenkipper.

Pannenhelfer: Bei Havarien und Unfällen, vor allen Dingen in unwegsamem Gelände, wurden AV-8-Bergekräne zur Hilfe gerufen.

1967 bekam der VEB Leuna Werke »Walter Ulbricht« dieses Pulverlöschfahrzeug PLF 6000 mit Rosenbauer-Aufbau auf einem Tatra-138-Fahrgestell. Das gewaltige Fahrzeug wird heute museal erhalten.

Generationswechsel: 1969 wurde der T 138 durch den T 148 abgelöst. Äußeres Merkmal war die überarbeitete Motorhaube mit einem deutlich größeren Kühlergrill. Die Leistung des luftgekühlten V-8-Diesels wurde um 32 PS gesteigert. Da die Tatras ja für den Einsatz auch in schwerem Gelände konzipiert wurden, waren 212 PS auch keinesfalls übermotorisiert. Wie auch schon beim 138er wurden große Teile der Produktion mit den verschiedensten Kippaufbauten geliefert.

Der Zentralrohrrahmen mit Halbachsen und Allradantrieb prädestinierte das Tanklöschfahrzeug ASC 32 für den Einsatz bei Waldbränden.

Die Ausführung für das Militär hatte eine verstärkte Stoßstange und ein Fahrerhaus mit Dachluke.

Einen großen Teil der Kraftstofftransporte für Minol erledigten Tatras mit CN 22-Tankaufliegern. Das tschechische Pendant für Minol war Benzina. In deren Hausfarben wurde dieser Tanksattel von einem Oldtimerfreund aus Tschechien restauriert.

Langlebig: Die Firma CKD in Prag versah Tatra-Fahrgestelle mit verschiedenen Kranaufbauten. Dieses Exemplar war 2009 noch im Einsatz, um Sportboote zu Wasser zu lassen – und natürlich auch wieder herauszuhieven.

Nachdem die Tatra-141-Schwerlastzugmaschinen in die Jahre gekommen waren, wurde es allmählich Zeit für Ersatz. So kam die Baureihe T813 auf den Markt. Im Angebot waren Fahrzeuge mit zwei bis vier Achsen und natürlich, Tatra-typisch, mit Allradantrieb. Für den Einsatz beim Militär war eine 8x8 Variante mit Geländebereifung vorgesehen.

Stalinorgel: Geschosswerfer RM 70 lautete die korrekte Bezeichnung für das mit einer gepanzerten Kabine ausgestattete Monster. Mit guter Rundumsicht war es allerdings aus.

Facelift: Die Kabinen der Typen T815 waren deutlich rundlicher als ihre Vorgänger. Es standen Motoren mit acht, zehn und zwölf Zylindern und mit Leistungen von 230 bis 360 PS zur Verfügung.

Durch ihre Unverwüstlichkeit im Gelände haben einige Tatras bei Spezialfirmen und Feuerwehren überlebt

Die vorgehängte Kabine gestattet bei Kranwagen eine niedrige Bauform. Dieser AD-28 Autokran wird museal erhalten.

Fahrzeuge aus Polen

Raritäten: Kaum einer von den 6.000 in die DDR importierten Zuk hat überlebt, zu schlecht war die Verarbeitung, zu hoch der Spritverbrauch. Nein, beliebt waren die polnischen Kleintransporter nicht. Wer die Wahl hatte, kaufte einen Barkas.

Sicher hätte man in der DDR für den grenzüberschreitenden Verkehr lieber LKW aus westlicher Produktion beschafft. Aber da war ja das ewige Problem des Arbeiter- und Bauernstaates – die Devisen. Also wurden die Typen Jelcz 315, 316 und 317 beschafft. Die Sattelzugmaschinen 317D und der zweiachsige Pritschenwagen 315 stellten den Hauptanteil der Importe. Der Zehntonner 316 dagegen war eher selten anzutreffen.

Viele der vermeintlichen Skoda-Busse sind eigentlich Jelcz. Ab 1962 wurden sie in Polen montiert.

Fahrzeuge aus der Sowjetunion

Frühling, Sommer, Herbst und Winter, so hießen sie – die vier Hauptfeinde des Sozialismus. Zumindest gegen einen der vier war ein Kraut gewachsen, in Form der Schneefräse D-470 auf SIL 157K. Mit Hilfe eines 19-Liter-Motors mit 150 PS Leistung wurde von der Piste gefräst, was da nicht hingehörte.

Die Russen kommen: Die ersten nach dem 2. Weltkrieg importierten GAZ-LKW wurden gerne nach dem Erfinder des gleichnamigen Cocktails »Molotow« benannt. Nun, mit der Lieferung der ersten 2,5-Tonner, konnten erste Engpässe im Transportgewerbe gelindert werden, aber mehr auch nicht. Russische Lastwagen waren eben immer nur Ableger von Militärfahrzeugen. Deshalb war die liebste Farbe der Hersteller wohl auch Olivgrün. Auch nachdem die GAZ durch SIL ersetzt wurden, änderte sich daran nichts. Brauchbare LKW für den Fernverkehr wurden erst Ende der siebziger Jahre mit MAZ und KAMAZ in die DDR importiert.

Kalte Krieger: Den SIL 131 bekam man in zivilen Varianten kaum zu sehen. Obwohl in der DDR Geld, bis auf Devisen natürlich, keine Rolle spielte, bei einem Sechsliter-Achtzylinder-Benziner hörte der Spaß auf. Bei einigen Bohrbetrieben waren die durstigen Russen im Einsatz, aber da standen sie auch meistens. Und selbst nach der Wende gehörten sie noch nicht zum alten Eisen, obwohl sie schon so aussahen.

»GAZ, MAZ, KrAZ – die russischen Bullen«, so ging, in Verballhornung einer zeitgenössischen Werbung von Magirus-Deutz, ein Kraftfahrerspruch jener Jahre. In großen Stückzahlen importiert, bildeten die unverwüstlichen Kipper der Baureihen 200 und 500 gleichsam das Rückgrat der Bauindustrie. Mit den MAZ-Sattelzugmaschinen kamen ab Mitte der achtziger Jahre die ersten vornehmlich zivilen LKW in die DDR. Hier ein Übertragungswagen des DDR-Fernsehens mit einem in Eigenregie erstellten Auflieger.

Voll krass: Angesichts dieser gewaltigen Dreiachser aus der Ukraine gibt es wohl kaum einen passenderen Spruch. Ab 1967 wurden die ersten KrAZ-Muldenkipper importiert. Sie wurden hauptsächlich an solch unwirtlichen Orten eingesetzt, wo selbst die robusten Tatras scheiterten. Das waren vor allen Dingen die Wismut in Sachsen und Thüringen und die großen Braunkohlentagebaue im Süden der DDR. Die KrAZ 256 waren einfach nicht kaputt zu kriegen. Und wenn es dann doch einmal Probleme gab, konnte sie jeder halbwegs versierte Kraftfahrer mit Bordmitteln beheben.
Der auf dieser Seite vorgestellte Muldenkipper und die mobile Bohranlage sind Exponate des Wismut-Museums in Ronneburg.

Um zu verhindern, dass die alten Wismutschächte einstürzten, wurden sie mit dem sogenannten Versatz verfüllt, einem zähflüssigen Schlamm, bestehend aus Industrieasche, Sand, Zement und Wasser. Dafür wurden Tatra-Zementmischer beschafft. Doch sie hatten in dem unwegsamen Gelände einfach keine Chance. Also wurden die Mischaufbauten auf KrAZ-Fahrgestelle montiert, und das Problem war keines mehr.

Eher selten waren im zivilen Sektor Pritschenaufbauten auf dem robusten Russen. Aber auch davon hielt die Wismut einige vor. Meist waren sie mit einem Pritschenhänger aus DDR-Produktion im Einsatz

TB
58-90
XR 58-90

Z KR 257H

Für den Transport von schwerem Gerät und Material benötigte die DDR-Wirtschaft robuste Schwerlastzugmaschinen. Dazu wurden KrAZ-Sattelzugmaschinen in diversen VEB mit Ballastpritsche versehen. Bei Bedarf wurden auch die Kabinen verlängert.

Dickes Ding: Unverwüstlichkeit lässt sich noch steigern. Und zwar in Form des KrAZ 255 B der militärischen Allradvariante des Dreiachsers. Der gewaltige, 240 PS leistende V 8 brachte auch in schwerstem Gelände ausreichend Vortrieb auf die gewaltigen Niederdruckreifen. Vor allem in Pioniereinheiten der NVA waren diese russischen Kraftpakete im Einsatz.

Trinkfreudig: Im Kalten Krieg spielte beim Militär Geld ja keine Rolle. Deshalb führte die NVA 1964 als Ablösung für die in die Jahre gekommenen IFA G5 auch jede Menge URAL 375D ein. Deren trinkfreudige V8-Viertakt-Ottomotoren mit sieben Litern Hubraum brauchten für die Erzeugung ihrer 180 PS stolze 75 Liter auf 100 km. Auf der Straße – im Gelände gerne auch deutlich mehr. Der Spaß dauerte bis 1977, dann kam der URAL 4230, der mit einem Achtzylinder-Diesel ausgestattet war. Beide URAL-Typen wurden als Zugmaschinen für Geschütze, mit den verschiedensten Aufbauten für Pioniereinheiten und rückwärtige Dienste eingesetzt. Viele der Fahrzeuge befinden sich heute in den Händen von Sammlern, die allerdings die Dieselvarianten bevorzugen.

КАМАЗ
KIJ 1-09

Als erster russischer LKW, der nicht rein militärisch konzipiert war, verließ 1976 der KamAZ das riesige, mit westlicher Hilfe gebaute Werk in der tatarischen Steppe. Zwei Jahr später wurden die ersten KamAZ in die DDR importiert. Dort liefen sie in unterschiedlichen Varianten in vielen Bereichen von Wirtschaft und Industrie. Nach der Wende kam es zu wohl einmaligen Transaktionen; die besser verdienenden oberen Chargen der in der DDR stationierten Sowjetarmee waren ganz scharf auf die Laster ihrer Heimat, mit denen sie sich zu Hause eine neue Existenz aufbauen wollten. Und die sich bereits in Auflösung befindlichen VEB waren froh, sich von den ungeliebten und kaum noch verkäuflichen »Russen-Lastern« doch noch mit Anstand trennen zu können. Über die Details dieser Aktionen hat sich wohl mit Fug und Recht der Vorhang der Geschichte gesenkt. Daher befinden sich heute nur sehr wenig Exemplare im Besitz deutscher Sammler.

Fahrzeuge aus Ungarn

Lokalexoten: Anfang der sechziger Jahre importierte die DDR ungarische Csepel D-450 und D-700 in geringen Stückzahlen. Die etwas skurril anmutenden Laster waren hauptsächlich als Sattelschlepper im Einsatz. Rückblickend kann man behaupten, der LKW-Bau war nicht die Stärke Ungarns…

...wohl aber der Bau von Omnibussen aller Art und in jeder nur erdenklichen Ausführung. Ikarus dürfte wohl der einzige Nutzfahrzeughersteller des ehemaligen Ostblocks sein, dessen Name auch heute noch einen ausgezeichneten Ruf hat. Die ersten in die DDR eingeführten Typen waren der Ikarus 30 (oben) und der Ikarus 311.

Rettung aus Ungarn: Ohne den Ikarus wäre der Personenverkehr auf der Straße völlig undenkbar gewesen. Die paar Busse aus DDR-Produktion konnten nicht einmal ansatzweise den tatsächlichen Bedarf an Beförderungskapazitäten sichern. Allein der Arbeiterverkehr in den großen VEB band unzählige Busse – und das im Dreischichtrhythmus. Man darf nicht vergessen, dass es in der DDR kaum je einen ausreichenden Individualverkehr gab. Viele Strecken der Deutschen Reichsbahn waren demontiert, und die wirklich großen Betriebe wie die Braukohlentagebaue die Wismut und die gewaltigen Großbaustellen lagen im Nirgendwo. Dazu kam der Linienverkehr im städtischen und Überlandbereich. Man kann sagen, ohne die ungarischen Busse wäre der Aufbau zum Scheitern verurteilt gewesen. Zu den Lieferungen aus den späten fünfziger Jahren zählt der Typ 630 mit stehendem Frontmotor.

Sputnik, Zigarre, Zeppelin: Viele Namen hatten die Ikarus 55/66 – die eigentliche Stars – der Busimporte aus Ungarn. Sicher war das Aussehen im Jahr 1956 zunächst gewöhnungsbedürftig, wenn man bedenkt, was da sonst an Bussen unterwegs war… Und dann kam da so ein langgestrecktes Ding mit dem unverhohlen dargebotenen Heckmotor, der sich hinter zwei gewaltigen Klappen verbarg. Sicher, Setra, Magirus u.a. bauten auch Busse mit Heckmotoren, aber die sollten doch eher hinter biederen Rundungen verborgen bleiben. Nein, der Ikarus 55/66 war ein gestalterischer Geniestreich!

Der Kleine: Eine Zusammenarbeit von IFA und Ikarus war der 211er, der kleinste aus der großen Ikarusfamilie. Achsen und Antrieb lieferte man aus Ludwigsfelde, montiert wurde in Székesfehérvár.

Tolle Kisten: Neben der Sowjetunion gehörte die DDR zu den wichtigsten Ikarus-Importeuren. Ab 1968 wurden die ersten Exemplare der 250er Serie eingeführt. Zahlreiche Varianten von Stadt-, Überland- und Reisebussen prägten bis in die 90er Jahre das Straßenbild im Osten Deutschlands. Dankenswerterweise sorgen zahlreiche Sammler dafür, dass der Mythos »Ikarus« der Nachwelt erhalten bleibt.

Ikarus
255
SLF IK 78H

Ikarus
250 SL
OVP SL 22

Westimporte

Familienmitglied: Leyland, Unic und Saviem, so hießen die ersten LKW, die importiert wurden, um den grenzüberschreitenden Fernverkehr zum Laufen zu bringen. So ganz konnten diese Typen aber die Erwartungen nicht erfüllen. Erst 1967 wurden die ersten Volvo F 88 beschafft. Diese Entscheidung sollte sich als richtig erweisen. Bis zum Ende der DDR gehörten die meist in Deutrans-Orange gehaltenen Lastzüge zum Straßenbild. Und nicht nur das, egal wie viele Typen später noch importiert wurden, die Volvos gehörten irgendwie zur Familie, sie waren gewissermaßen »Sehnsuchtslaster«, die in Ländern unterwegs waren, von denen der DDR-Bürger nur träumen konnte. Auch heute sind sie noch die Stars bei Veranstaltungen.

Neben den Hängerzügen wurden auch Sattelzüge für die verschiedensten Einsatzzwecke beschafft. Für den Containerverkehr auf der Straße gab es kein geeignetes Zugfahrzeug aus heimischer Produktion. So wurden auch hier Volvos eingesetzt, zunächst mit ebenfalls importierten, später dann zunehmend mit einheimischen Aufliegern kombiniert.

Auch nachdem Volvo die Produktion der F88/89 eingestellt hatte und den Volvo F10 präsentierte, blieben die DDR-Außenhändler den unverwüstlichen Schweden treu. Zu positiv waren die Erfahrungen.

In den fünfziger Jahren wurden mehrere Büssing-5000-TU-Reisebusse eingeführt. Über die näheren Umstände und Stückzahlen ist nichts weiter bekannt. Dieses Exemplar hat bei einem privaten Busunternehmer überlebt, wurde nach der Wende durch die »BVO Verkehrsbetriebe GmbH« aufwändig restauriert und blieb so der Nachwelt erhalten.

Um die Tankstellen an den Transitautobahnen mit Betriebsstoffen zu beliefern, beschaffte der VEB Minol einige Tanksattelzüge mit MAN-750-Zugmaschinen. Nach seinen Diensten bei Minol war dieses Exemplar mit einem W50-Kippaufbau unterwegs. Nach der Wende restaurierte ein Sammler aus Süddeutschland das Fahrzeug und machte wieder eine Zugmaschine daraus, die heute allerdings mit einem Zementauflieger unterwegs ist.

»Blaue Berta«: Für die stolze Summe von 3,539 Mio Mark bestellte die DDR bei der Firma »Bosch-Fernseh« in Darmstadt diesen Ü-Wagen. Der Aufbau entstand bei der Firma Drögmöller auf einem Mercedes-Benz-LP-2224-Dreiachsfahrgestell mit zwei angetriebenen Hinterachsen. Die 240 PS sind keineswegs überdimensioniert, um das blaue Monster in Bewegung zu halten. Dieses Fahrzeug, inklusive der komplett funktionierenden Übertragungstechnik, befindet sich seit 2002 im Besitz des »MC Fläming«.

Deutsche Post
Studiotechnik Fernsehen
IC 93-15

Motocross
Rennbüro / Anmeldung

Unendliche Geschichte: Dieser Mercedes-1113-Schlammsaugwagen kam aufgrund einer privaten Initiative in die DDR (auch so etwas gab es!) und gammelte wenig später in einem VEB vor sich hin. Einem privaten Fuhrunternehmer aus Leipzig gelang es schließlich, das Fahrzeug zu erwerben und bis heute zu erhalten.

Nichts war unmöglich: Ein von einer schwedischen Baufirma 1987 in der DDR zurückgelassener, ursprünglich dreiachsiger Betonmischer wurde von seinem neuen Besitzer, einem privaten Fuhrunternehmer, innerhalb nur eines halben Jahres in diesen beeindruckenden Renntruck verwandelt. Die messtechnisch ermittelte Motorleistung liegt bei 650 PS!